BASIC PHYSICS

力　学

細川伸也　著

東京教学社

まえがき

力学は，物理学の出発点と一般的に考えられている．電磁気学，熱力学などと比較すると，人間が見ることができる現象を対象とするため，物理学の初学として適していると思われるのであろう．しかしながら，現象の奥に隠れた物理的法則を明らかにするというやり方は，どれも同じである．見えることがむしろ理解を妨げてしまうこともある．例えば，空中を飛ぶボールに働く力は，飛んでいる方向にボールを引っ張っているように働くと思っている大学 1 年生の学生は，理系でも確実に 30%は存在する．

これまでに著者は，所属する大学の理学部 2 年生を対象として，およそ 10 年間にわたって「基礎力学」およびそれに続く「力学」を 1 年間を使って教えてきた．前者の講義では，理学部定員の 70%の学生の新規登録があり，再受講生を含めて履修する．その履修生の学修履歴は，高校時代に全く物理を履修しなかった初学の学生から，物理学を学ぶために理学部へ入学した学生に至るなど多岐にわたる．そのためにその授業運営に苦心が必要なことは，いずれの大学でも同様であろう．したがって，初歩あるいはゼロからの物理学など数多くの教科書がその教育のために出版されている．一方，後者の講義では，理学部学生定員の約 1/3 にあたる約 70 名の新規登録があり，こちらは主として物理学，数学あるいは化学コースへ進級しようとする学生が受講する．しかしながら，この講義運営も思ったほど容易ではない．これから解析力学，量子力学，相対論と，物理学の学習を進めようとする学生と，そうではない学生の差は大きい．

大学で講義を行うにあたって，当初は教科書として理学部物理にほぼ特化したものがこれまで使われてきたので，それを採用した．しかしながら，何年か講義を繰り返し行っていると，やはり初学の学生には難解すぎることがわかった．そのため初歩から学修できるものに変更したが，今度は物理学コースに進級して学修を進める上で力学の知識に大きな穴が生じる．そのため，その部分を新たに副教科書として書いたものを加えて授業を行ってきた．これがこの教科書の最終部分となっている．いずれにしろ，初学の学生にも物理を専門と志す学生にも適した力学の教科書をいろいろと探してはみたが，思いのほか全く見つからなかった．力学の教科書は上記のように 2 極化しているように思える．

このような経緯から，理学部をはじめとする基礎科学を学修しようとする学生を対象とした，主として大学 1，2 年生のための力学の教科書を，これまでに筆者が行ってきた授業を参考にして執筆しようと考えた．それを行うにあたって，3 つの指針を設定した．

1. 初修の受講生から始め，解析力学との接続ができるレベルまでの内容とした．
2. 過去問を繰り返すことで受験を乗り越えてきた学生が，物理学本来の創造性を育めるような構成にした．
3. 長文の本を読んだ経験が無い学生が多いことを前提として，文章をなるべく短くし，演習問題も考え方が重複するものは極力避けた．

その結果，1 年間 30 週の授業が宿題等を設定しなくても確実に終えられるような内容となっている．なお，演習問題等は今後ウェブ等で公表する事にしており，詳細は指導教官にお聞きいただきたい．特に，答を誤っているわけではないが，今後の学修で大きな障害になると考えられる解答については，誤答例として詳しく解説する．また，ご要望が多ければ，別冊書籍としての出版も考えている．

最後に，以下のことは力学の学修の内容とは一見無関係に思えるかもしれないが，重要であろうことを記しておく．

1. まず，物理量については，初出のときに必ずその説明を入れる．
2. 初出のときに単位を必ず記載する．古い高校物理の教科書では，なぜか力学の部分だけそれが守られていなかったが，最近では他の部分と同じように単位が入れられている．本著では，教育上の配慮から，各節および例題ごとに単位を入れた．単位は物理量が記号で表されているときは〔 〕付きで，数字には〔 〕無しで示す．
3. 図には，その「下部」にその通し番号と簡単な説明文を入れ，表には同様のことを「上部」に記す．高校時代までに用いてきた教科書では当然のようにそうなっているが，大学入学後に提出される試験の解答やレポートなどで，これらのルールが守られていることはほとんどない．大学を卒業してから，研究者として書く論文では必ず守られるルールであるし，会社員として報告書などがこのように書かれていれば，それだけで品位を感じる．
4. 数値計算を行うときは必ず有効数字を考慮する必要がある．科学では誤差を正確に見積もり，得た結果の精度を明らかにすることが重要であり，有効数字はその初歩的な表し方である．今後学年が進めば，正確な誤差の求め方を学修する．大学受験で全くといいほど重要視されないせいか，日本人の誤差についての意識は極めて脆弱であるので，早期の改善を求めたい．

この教科書をまとめるにあたり，熊本大学の松田和博教授および中島陽一助教には貴重な助言をいただいた．また，株式会社東京教学社代表取締役の鳥飼正樹氏および会長の鳥飼好男氏のご理解がなければ，このような教科書の著作自体が実現しなかった．深く御礼を申し上げたい．

2021 年 10 月
細川伸也
熊本市にて

目 次

第5章　力学的エネルギーとその保存

第6章　質点系の運動

第7章　慣性の力

第8章　剛体のつりあいと回転

第9章　剛体の運動

イラスト：梅本　昇

第1章　ベクトルと力

1.1　変位とベクトル

力と運動の関係を考えるにあたって，まず物体の位置やその変化が数学的には「ベクトル」で表すことができることを学ぶ.

変位

物体には形がある．したがって物体が移動することを考えるとき，図 1.1(a) で示したように，まず物体の中心の移動と，その中心のまわりの回転の，2 つの変化がある．物体の中心の移動は，今後すぐに物体の重心の移動と考えることになる．物体の回転については，第 8 章以降で扱うこととし，それまでは物体の中心の運動だけを考えることとする.

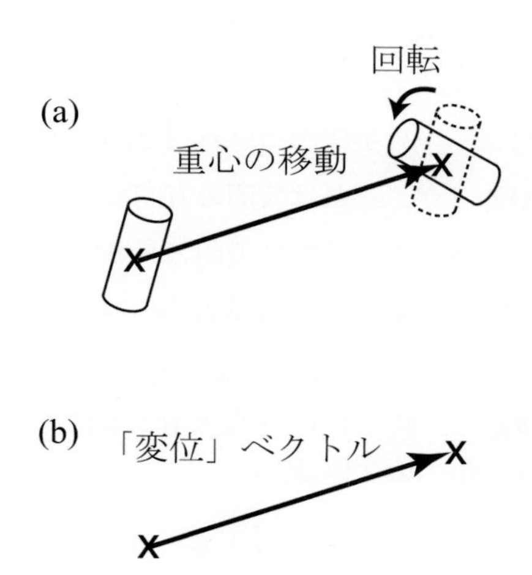

図 1.1: (a) 物体の中心の移動と回転，および (b) 質点の変位

ここで力学での最初の仮定，あるいは運動を単純化する考えとして，物体の大きさは無視して，全ての質量がその中心に集合した **質点** という考えを導入する．そうすれば，図 1.1(a) の運動は，図 1.1(b) のように単純化できる．ここで物体の中心の移動のことを **変位** と呼ぶ．変位は，後に定義する位置ベクトルの変化を示すベクトルである.

ベクトル

初めに物体は点 P にあり，これが点 Q まで移動したとする．この変位を表すためには変位の **大きさ**，すなわち P-Q 間の長さと，P からみた Q の **方向** の 2 つの情報が必要である．このような 2 つの情報を含む量を **ベクトル** と呼ぶ．この変位ベクトルは，図 1.2 のように，P を起点とし Q を終点とした **矢印** で示すことができる．ここで注意したいことは，図 1.2 で示すように，変位ベクトルは P-Q 間を直接結んだものであり，必ずしも実際の移動が行われた経路を示すものではない．

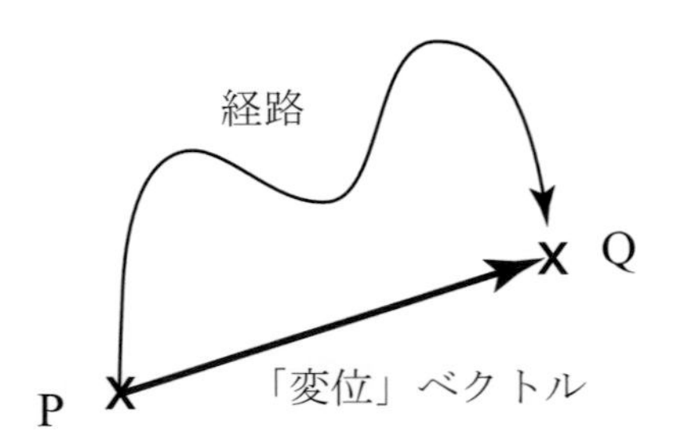

図 1.2: 変位を示すベクトルおよび実際移動した経路との違い

ここでいくつか，ベクトルのルールとそれに成り立つ法則を示しておく．まずルールであるが，

1. ベクトルを示す記号は，上に矢印のついた $\vec{A}$ あるいは太文字の $\boldsymbol{A}$ で表す．
2. ベクトルには方向があるが，それは矢印の方向で示す．
3. ベクトルには大きさがあるが，それは矢印の長さで示す．
4. 大きさは A あるいは $|\vec{A}|$ で表し，これは方向のない **スカラー量** である．

次に法則であるが，まずベクトルの和を説明する．図 1.3 のように，点 P から点 Q に変位ベクトル $\vec{A}$ だけ移動し，続いて Q から点 R に向かって変位ベクトル $\vec{B}$ だけ移動した．この場合の P から R への変位は，

$$\vec{C} = \vec{A} + \vec{B} \tag{1.1}$$

という **ベクトルの和** で表すことができる．

ベクトルの大きさや方向は，その始点と終点で決まり経路によらないことを考えると，図 1.4 のように和の順番を変えても同じ結果となる．すなわち，

$$\vec{A} + \vec{B} = \vec{B} + \vec{A}$$

という **交換則** が成り立つ．

次に，ベクトルの差を考える．ここで，

$$\vec{A} - \vec{B} = \vec{A} + (-\vec{B}) \tag{1.2}$$

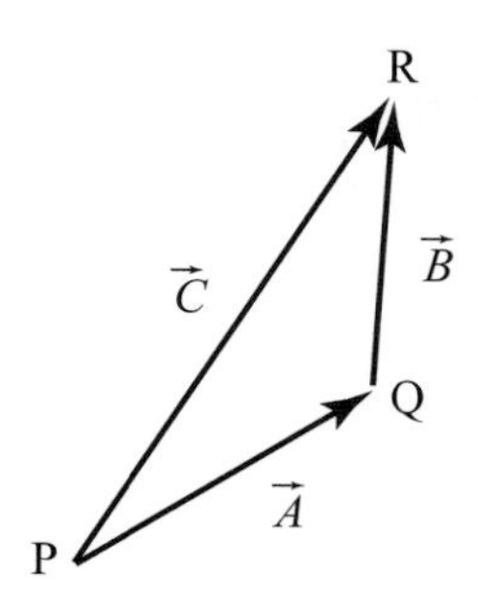

図 1.3: ベクトルの和

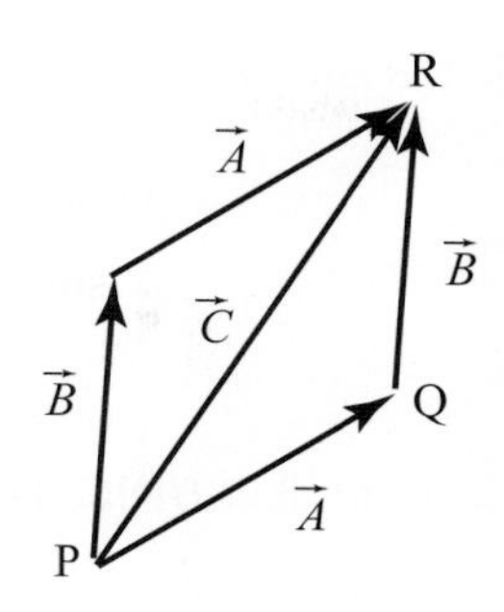

図 1.4: ベクトルの和の交換則

であるが，$-\vec{B}$ について大きさは $\vec{B}$ と同じで方向が逆であるので，図 1.5 のように**ベクトルの差**$\vec{A}-\vec{B}$ を考えることができる．

続いて，スカラー c とベクトル $\vec{A}$ の積 $c\vec{A}$ を考える．図 1.6 のように，$c\vec{A}$ は向きは $\vec{A}$ と同じで大きさは cA であると定義できる．もしも c が負の値であるならば，向きが逆で大きさが $|c|A$ となる．

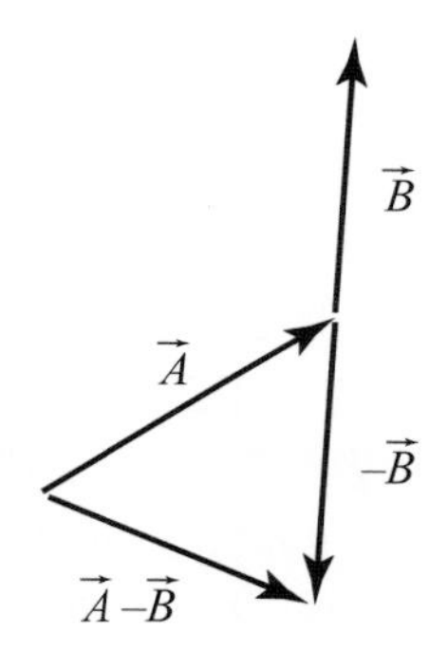

図 1.5: ベクトルの差

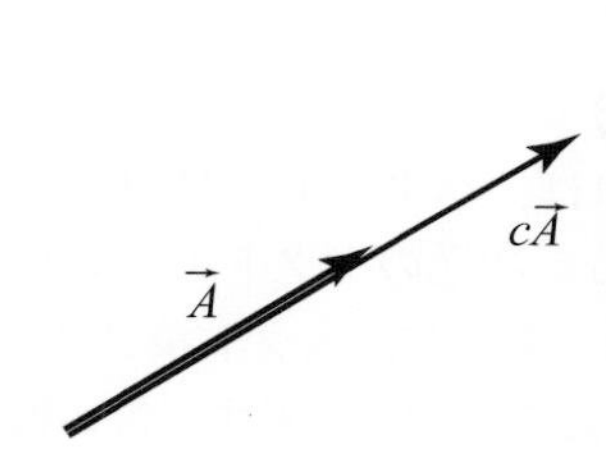

図 1.6: スカラーとベクトルの積（$c > 1$ のとき）

例題 1-1.　物体がまず東に距離 50 m 移動したのち，北から西よりに角度 30° の方向に 30 m 移動した．物体は初めの位置からどの方向にどれだけ移動したか．

解　始点を P，方向を変えた点を Q，終点を R として作図すると図 1.7 のようになる．角 PQR を α，角 QPR を β とし，三角形の余弦定理を用いれば，

$$\begin{aligned}
\overline{\mathrm{PR}}^2 &= \overline{\mathrm{PQ}}^2 + \overline{\mathrm{QR}}^2 - 2\overline{\mathrm{PQ}}\cdot\overline{\mathrm{QR}}\cos\alpha \\
&= 50^2 + 30^2 - 2\cdot 50\cdot 30\cos 60^\circ \\
&= 1900 \\
\therefore\ \overline{\mathrm{PR}} &= 44 \quad \mathrm{m}
\end{aligned}$$

また，$\overline{\mathrm{PQ}}\sin\beta = \overline{\mathrm{QR}}\sin\alpha$ なので，

$$\begin{aligned} 44\sin\beta &= 30\sin 60^\circ \\ \sin\beta &= 0.59 \\ \therefore \beta &= 36^\circ \end{aligned}$$

したがって，東より 36° 北の方向に 44 m 移動したことになる．

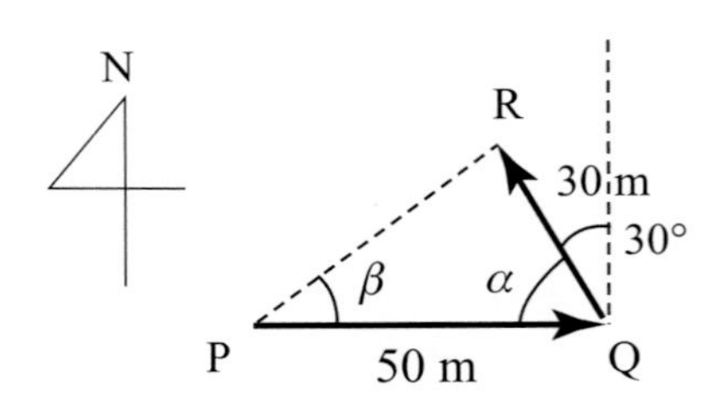

図 1.7: 例題 1-1 の参考図

ベクトルの成分

座標を用いれば，ベクトルの **成分** を考えることができる．例えば，ベクトルの向きが平面内にある二次元のベクトルであれば，図 1.8 のようにその平面内に直交する x, y 軸を導入する．そこで，ベクトル $\vec{A}$ の x および y 軸への射影をそれぞれ x 成分，y 成分と呼び，A_x および A_y で表す．言い換えると，二次元ベクトルは 2 つの数の組であり，$\vec{A} = (A_x, A_y)$ と表すことができる．図 1.8 のように，$\vec{A}$ が x 軸との間に作る角度を θ とすれば，

$$A_x = A\cos\theta, \quad A_y = A\sin\theta \tag{1.3}$$

である．また，ベクトルの大きさは，三平方の定理（ピタゴラスの定理）により，

$$A = |\vec{A}| = \sqrt{A_x^2 + A_y^2} \tag{1.4}$$

となる．

同じ xy 平面にもう 1 つのベクトル $\vec{B} = (B_x, B_y)$ を導入する．図 1.9 にベクトルの和 $\vec{C} = \vec{A} + \vec{B}$ を示すと，

$$C_x = A_x + B_x, \quad C_y = A_y + B_y$$

となり，それぞれの成分の和となっている．したがって，

$$(A_x, A_y) + (B_x, B_y) = (A_x + B_x,\ A_y + B_y) \tag{1.5}$$

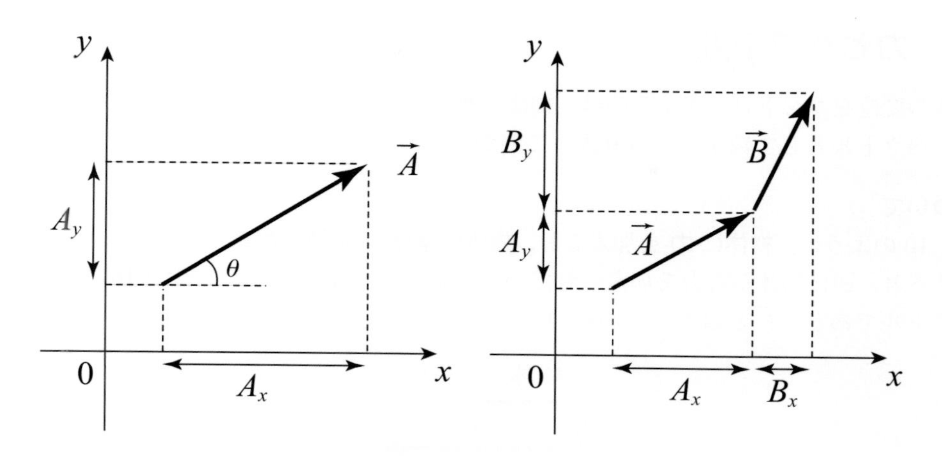

図 1.8: 座標と二次元ベクトルの成分　　図 1.9: ベクトルの和の成分表示

と書くことができる．

これらのことは三次元のベクトルでも同様である．空間に直交座標軸 (x, y, z) を導入し，ベクトルの射影をとれば，$\vec{A} = (A_x, A_y, A_z)$ と書くことができ，その大きさは，

$$A = |\vec{A}| = \sqrt{A_x^2 + A_y^2 + A_z^2}$$

である．また，ベクトルの和は，

$$(A_x, A_y, A_z) + (B_x, B_y, B_z) = (A_x + B_x, A_y + B_y, A_z + B_z) \tag{1.6}$$

と表すことができる．

例題 1-2　二次元のベクトル $\vec{A} = (-1, 3)$ および $\vec{B} = (2, -4)$ がある．$\vec{A} + \vec{B}$ の大きさを求めよ．

解　ベクトルの和は，

$$\vec{A} + \vec{B} = (-1, 3) + (2, -4) = (-1 + 2, 3 - 4) = (1, -1)$$

であるので，

$$|\vec{A} + \vec{B}| = \sqrt{1^2 + (-1)^2} = \sqrt{2}$$

となる．

1.2　力とベクトル

物体の変位をコントロールするのは，物体に働く力である．力も大きさと方向があるので，ベクトルとして数学的に取り扱うことができる．

力について

図 1.10 のように，物体に **力** を加えると，物体の **動き（運動）が変化** する．また，力を加えると，逆に物体から力を加えられていると感じる．力には大きさと方向があるのでベクトルであり，$\vec{F}$ と書くことが多い．

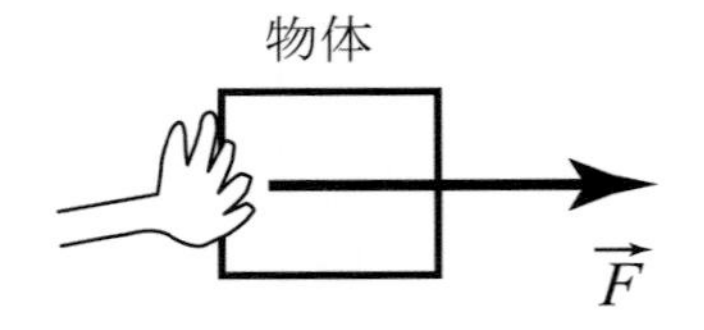

図 1.10: 物体に働く力

力の単位

いろいろな物理量の大きさを決める単位は，国際的に統一された **国際単位系**(SI) を用いる．力学で使われる基本単位として，**長さ** を m，**質量** を kg および **時間** を s とし，それ以外の物理量の単位はその組み合わせで決める．例えば速さは m/s，密度は kg/m^3 である．力の SI 単位は **ニュートン**（N）と定められた組み合わせた単位であり，これが kgm/s^2 であることはこのあとすぐにわかる．ちなみに地表で質量 1 kg の物体に働く重力の大きさはおよそ 9.8 N である．

力の合成：合力

図 1.11(a) のように，1 つの静止した物体を 2 人でそれぞれ力 $\vec{F_1}$〔N〕および $\vec{F_2}$〔N〕で同時に引いたとする．この物体は図のように合力 $\vec{F} = \vec{F_1} + \vec{F_2}$〔N〕の方向に動き

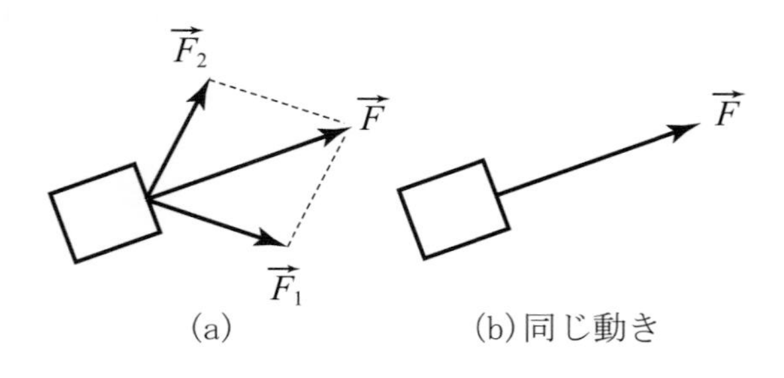

図 1.11: 合力

始める．これは図 1.11(b) のように，$\vec{F}$ で引いた場合と同等であり，物体は同じ動きをする．

このとき，$\vec{F_1} = (F_{1x},\ F_{1y},\ F_{1z})$，$\vec{F_2} = (F_{2x},\ F_{2y},\ F_{2z})$ であれば，

$$F_x = F_{1x} + F_{2x},\ F_y = F_{1y} + F_{2y},\ F_z = F_{1z} + F_{2z} \tag{1.7}$$

となる．

例題 1-3　物体に 8 N の力 $\vec{F_1}$，これと 45° の方向に 6 N の力 $\vec{F_2}$，$\vec{F_1}$ および $\vec{F_2}$ とに垂直な方向に 4 N の力 $\vec{F_3}$ が働いている．それらの合力の大きさを求めよ．

解　図 1.12 のように，$\vec{F_1}$ の方向に x 軸，$\vec{F_1}$ と $\vec{F_2}$ を含む面内で x 軸と垂直に y 軸，$\vec{F_3}$ の方向に z 軸をとる．それぞれの力を成分で表すと，

$$\begin{aligned}\vec{F_1} &= (8, 0, 0)\\ \vec{F_2} &= (6\cos 45^\circ, 6\sin 45^\circ, 0) = (4.2, 4.2, 0)\\ \vec{F_3} &= (0, 0, 4)\end{aligned}$$

である．したがって，それらの合力は，

$$\vec{F} = \vec{F_1} + \vec{F_2} + \vec{F_3} = (8 + 4.2 + 0,\ 0 + 4.2 + 0,\ 0 + 0 + 4) = (12.2, 4.2, 4)$$

となる．したがってその大きさは，

$$|\vec{F}| = \sqrt{12.2^2 + 4.2^2 + 4^2} = 14 \quad \mathrm{N}$$

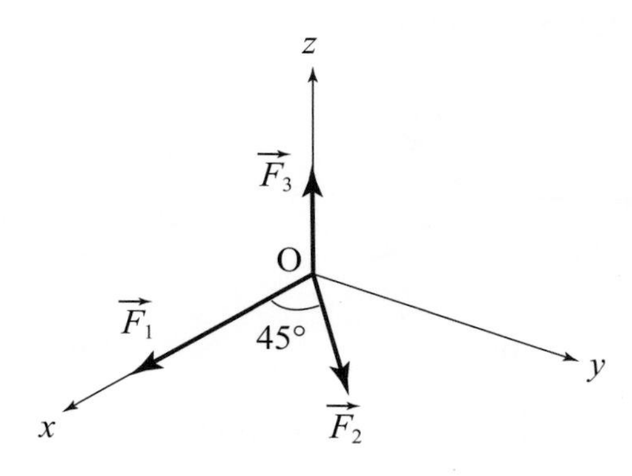

図 1.12: 3 つの力の合力

1.3　力のつりあいと偶力

力のつりあい

1つの物体に複数の力が作用していても，その合力が0であれば，それらの力が作用していないのと同じである．このとき，力はつりあっている，という．例えば，図1.13のように，水平な床の上に静かに置いた物体が動かないのは，物体に働く重力 $\vec{F_1}$〔N〕と，床が物体を支える垂直抗力 $\vec{F_2}$〔N〕がつりあっている，すなわち，$\vec{F_1}+\vec{F_2}=0$ となっているからである．したがって，$\vec{F_1}=-\vec{F_2}$ となり，互いの力は，大きさが等しく逆向きとなっている．

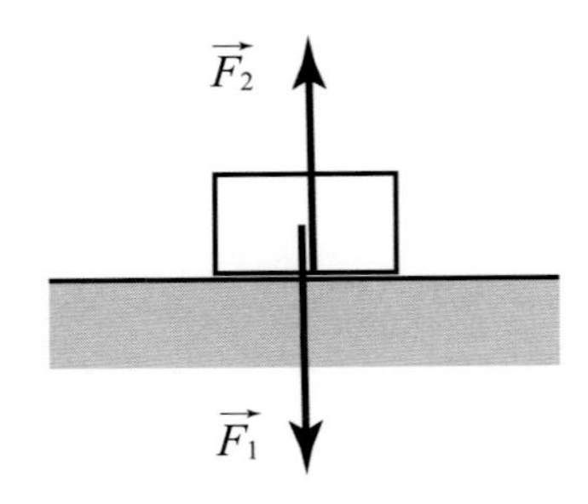

図1.13: 床上に静かに置かれた物体に働く力のつりあい

これは力の数が増えても同じである．例えば，図1.14(a)のように3つの力がつりあう場合の条件は，$\vec{F_1}+\vec{F_2}+\vec{F_3}=0$ である．したがって，図1.14(b)のように3つの力が三角形を作ると考えてもよい．4つ以上の力が作用する場合にもつりあいの条件はその合力が0となることに変わりはない．

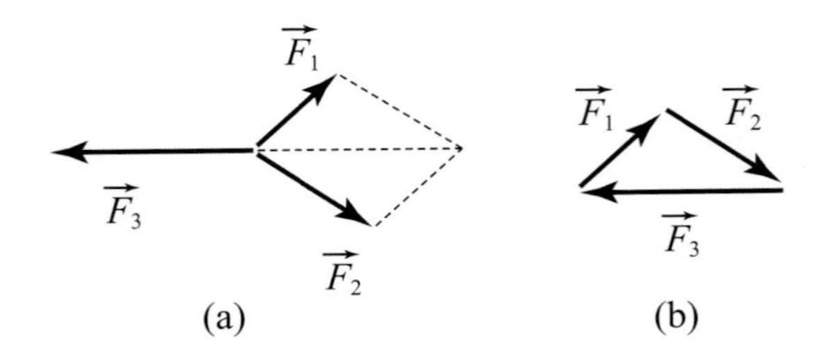

図1.14: 3つの力のつりあい

例題1-4　図1.15のように，1つの荷物を2人で支えている．荷物に働く重力の大きさを W〔N〕，支える方向が鉛直方向とつくる角度をそれぞれ α_1〔°〕，α_2〔°〕とすると，2人が荷物を支える力はそれぞれいくらか．

解　水平方向に x 軸，鉛直上向きに y 軸をとり，重力 $\vec{W}$ および 2 人が支える力 $\vec{F_1}$〔N〕および $\vec{F_2}$〔N〕を成分で表すと，

$$
\begin{aligned}
\vec{W} &= (0, -W) \\
\vec{F_1} &= (F_1 \sin\alpha_1, F_1 \cos\alpha_1) \\
\vec{F_2} &= (-F_2 \sin\alpha_2, F_2 \cos\alpha_2)
\end{aligned}
$$

である．したがって，つりあいの条件は，x および y 成分についてそれぞれ，

$$
\begin{aligned}
F_1 \sin\alpha_1 - F_2 \sin\alpha_2 = 0 \\
F_1 \cos\alpha_1 + F_2 \cos\alpha_2 - W = 0
\end{aligned}
$$

となる．したがって，

$$
F_1 = \frac{\sin\alpha_2}{\sin(\alpha_1+\alpha_2)}W,\ F_2 = \frac{\sin\alpha_1}{\sin(\alpha_1+\alpha_2)}W
$$

である．ここで三角関数の加法定理を用いている．

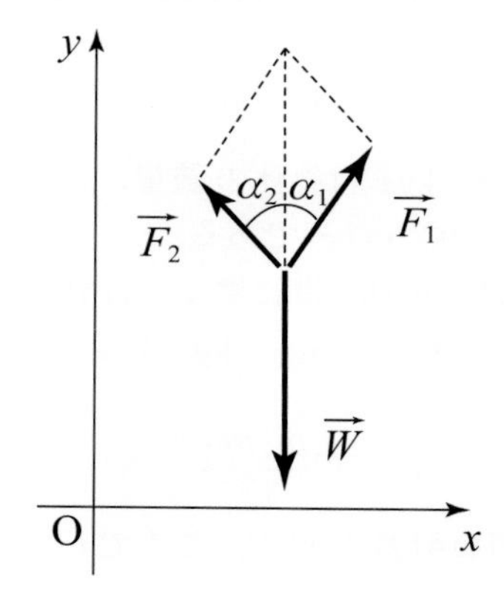

図 1.15: 2 人で支える荷物

偶　力

ここでは本筋を離れて，物体に形があるときの力のつりあいを考える．図 1.16(a) に示すように，物体に 2 つの力 $\vec{F_1}$〔N〕と $\vec{F_2}$〔N〕が作用する．このとき，$\vec{F_2} = -\vec{F_1}$ であれば，この力の組を **偶力** という．偶力であっても，力のベクトルの方向に引いた直線（**作用線**）が一致しないと，物体は静止せず，回転する．したがって，物体に形がある場合には，これまでに述べたような力の条件のほかに，図 1.16(b) に示すように，作用線が一致することが，力のつりあいの条件である．形のある物体の運動は，第 8 章以降に詳しく述べる．

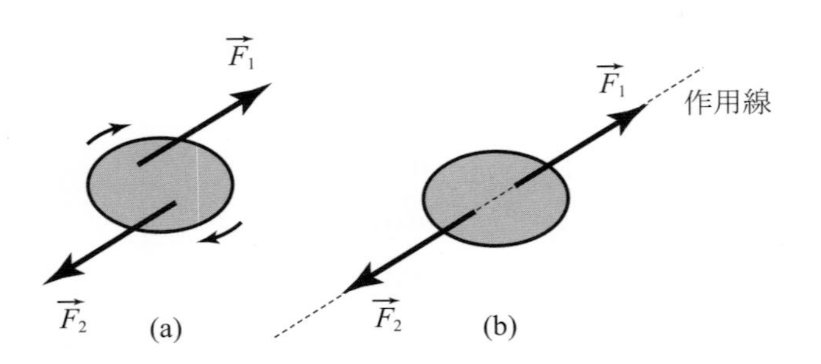

図 1.16: 偶力と作用線

1.4 いろいろな力

重力と万有引力

地球上の物体には，地球の中心に向かう力が働く．これを **重力** という．重力の大きさ W〔N〕は，

$$W = mg \tag{1.8}$$

と書くことができる．ここで m〔kg〕は物体の **質量**，g〔m/s^2〕は **重力加速度の大きさ** である．地表では，g はおよそ 9.8 m/s^2 である．

地球上の重力の起源は，物体と地球の間に働く万有引力である．図 1.17 のように，一般的に万有引力は，質量が m_1〔kg〕と m_2〔kg〕の 2 つの物体が距離 r〔m〕だけ離れて存在すれば，必ず大きさ

$$F = G\frac{m_1 m_2}{r^2} \quad \text{〔N〕} \tag{1.9}$$

の引力が作用する．これを **万有引力** と呼ぶ．ここで G は **万有引力定数** で，その大きさは，

$$G = 6.67 \times 10^{-11} \quad \mathrm{m^3/s^2kg} \tag{1.10}$$

である．

これを地球と地表の物体に当てはめる．図 1.18 のように，地球を均質な球であると仮定すれば，8.4 節で理解できるように，地球は全ての質量 M〔kg〕がその中心に集

図 1.17: 2 つの物体に働く万有引力　図 1.18: 地表の物体に作用する万有引力

まった質点と考えることができる．このため地球表面の質量 m〔kg〕の物体とは地球の半径 R〔m〕の距離を持つと考えることができる．したがって，物体と地球との間に作用する万有引力 W〔N〕の大きさは，

$$W = G\frac{Mm}{R^2} \quad \text{〔N〕} \tag{1.11}$$

となり，物体から見たその方向は，地球中心に向かう，すなわち鉛直下向きとなる．ここで，(1.11) 式を (1.8) 式と比較すれば，

$$g = \frac{GM}{R^2} \quad \text{〔m/s}^2\text{〕} \tag{1.12}$$

と表すことができ，それを数値で求めれば，およそ 9.8 $\mathrm{m/s^2}$ となる．

例題 1-5　地球の質量 M はおよそ 6.0×10^{24} kg である．地球の半径 R〔m〕を求めよ．ただし，万有引力定数 G は 6.7×10^{-11} $\mathrm{m^3/s^2kg}$，重力加速度の大きさ g は 9.8 $\mathrm{m/s^2}$ とする．

解　$g = \dfrac{GM}{R^2}$ なので，

$$\begin{aligned} R^2 &= \frac{GM}{g} = \frac{6.7 \times 10^{-11} \times 6.0 \times 10^{24}}{9.8} = 4.10 \times 10^{13} \\ \therefore R &= 6.4 \times 10^6 \quad \mathrm{m} \end{aligned}$$

ばねの弾性力

ばねは自然の長さから伸びるあるいは縮むと，元に戻ろうとする復元力が働く．これを**ばねの弾性力**という．ばねにおもりをつなぎ，ばねが自然の長さのおもりの位置を原点 O として，そこから伸びる方向に x 軸を取ると，ばねの弾性力は**フックの法則**により，

$$f = -kx \quad \text{〔N〕} \tag{1.13}$$

となる．ここで k〔N/m〕を**ばね定数**という．

フックの法則とは，応力とひずみが比例関係にあることを示す法則である．材料に力を加えると変形するが，力を取り除くと元の状態に戻ることを弾性状態にあるというが，そのときに一般的に成り立つ式である．

例題 1-6　図 1.19 のように，ばね定数 k〔N/m〕のばねに質量 m〔kg〕のおもりをつなぎ，その下にばね定数 K〔N/m〕のばねに質量 M〔kg〕のおもりをつないだ．上下のばねの伸びはそれぞれいくらか．ただし，ばねの質量は無視できるとする．

解　上下のばねに作用する力の大きさをそれぞれ f_1〔N〕および f_2〔N〕とする．鉛直下向き方向を正とすれば，m および M のおもりに働く力のつりあいはそれぞれ，

$$mg + f_2 - f_1 = 0$$
$$Mg - f_2 = 0$$

これより，

$$f_2 = Mg, \quad f_1 = mg + f_2 = (M + m)g$$

となる．したがって，ばねの伸びの長さ x_1〔m〕および x_2〔m〕はそれぞれ，

$$x_1 = \frac{f_1}{k} = \frac{M + m}{k}g \quad \text{〔m〕}$$
$$x_2 = \frac{f_2}{K} = \frac{M}{K}g \quad \text{〔m〕}$$

である．

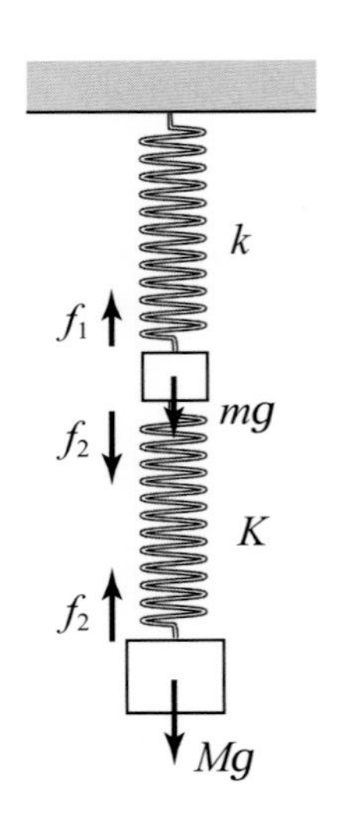

図 1.19: 2 つのばねの伸び

ひもの張力

ひもは力を加えても全く変形しないと思われているが，実際はわずかに伸び，それに対応した復元力である **張力** が働く．つまり，ひもは伸びが無視できるばね，あるいはばね定数が非常に大きなばねと考えてよい．図 1.20 のように質量 m〔kg〕のおもりをひもでつるすと，その張力の大きさ f〔N〕は，

$$f = mg$$

である．

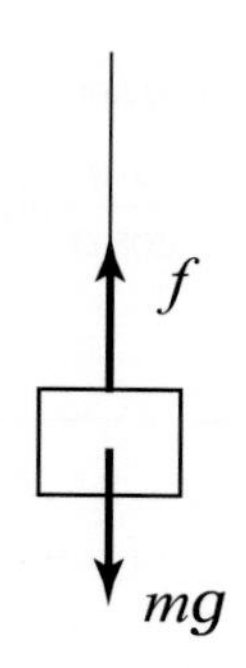

図 1.20: ひもでつるしたおもり

例題 1-7　図 1.21 のように，ひもで質量 m〔kg〕のおもりをつり下げ，おもりを水平に引いたところ，ひもの角度が鉛直方向に対して α〔°〕となってつりあった．おもりを水平に引く力 $\vec{F}$〔N〕およびひもの張力 $\vec{T}$〔N〕の，それぞれの大きさを求めよ．

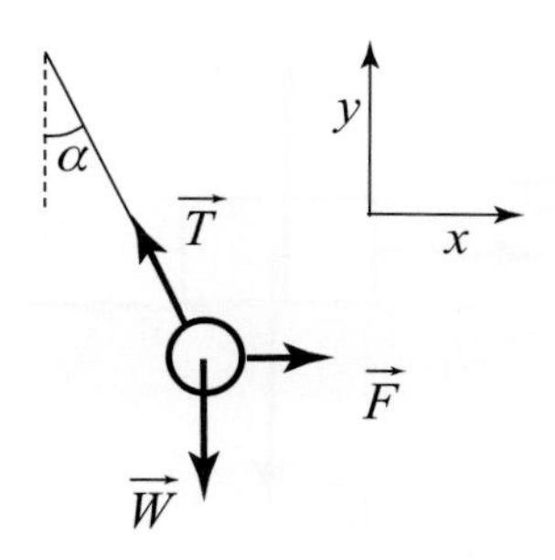

図 1.21: ひもで斜めにつるしたおもり

解　おもりに作用する重力を $\vec{W}$〔N〕とすると，力のつりあいの条件より，

$$\vec{W}+\vec{T}+\vec{F}=0$$

水平方向で $\vec{F}$ の方向に x 軸，鉛直上向きに y 軸をとると，力のつりあいの条件は x，y 軸方向についてそれぞれ，

$$\begin{aligned} -T\sin\alpha+F &= 0 \\ -mg+T\cos\alpha &= 0 \end{aligned}$$

となるので，これより，

$$T = \frac{mg}{\cos\alpha} = mg\sec\alpha$$
$$F = T\sin\alpha = \frac{mg}{\cos\alpha}\sin\alpha = mg\tan\alpha$$

となる．

垂直抗力と摩擦力

図1.22のように，床の上に置かれた物体の水平方向に力 $\vec{F}$〔N〕を加えても静止したままであるとする．この物体には，$\vec{F}$ 以外に，鉛直下向きに重力 $\vec{W}$〔N〕，床に垂直な方向に **垂直抗力**$\vec{N}$〔N〕，および床に水平に **摩擦力**$\vec{f}$〔N〕が作用し，これらがつりあって，

$$\vec{F} + \vec{W} + \vec{N} + \vec{f} = 0 \tag{1.14}$$

となっている．$\vec{F}$ の水平方向を x 軸，鉛直上向きを y 軸とすれば，各座標成分の力のつりあいの条件より，$\vec{W}$ と $\vec{N}$ が，および $\vec{F}$ と $\vec{f}$ がそれぞれつりあっている．

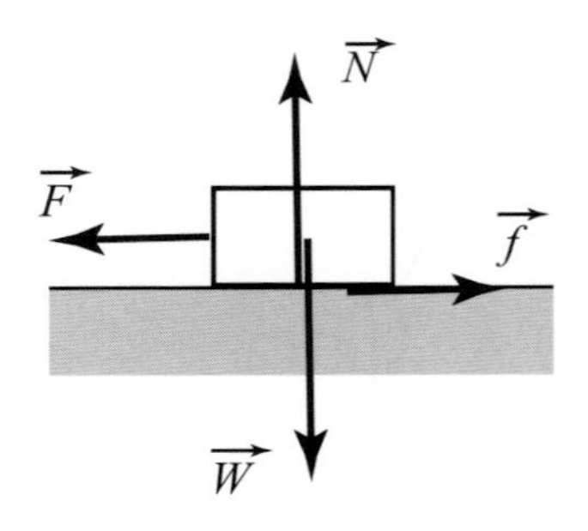

図 1.22: 床に置いた物体に作用するさまざまな力

ここで $\vec{F}$ の大きさが増加すると，物体は突然動き始める．このときの限界の摩擦力 $\vec{f}_{\max}$ を **最大静止摩擦力** という．この大きさは一般的に垂直抗力の大きさ N と比例し，

$$f_{\max} = \mu_0 N \quad 〔\mathrm{N}〕 \tag{1.15}$$

となる．ここで μ_0 は **静止摩擦係数** で，物体と床の接触面の状態に依存する量である．物体が動き始めても，**動摩擦力** $\vec{f}'$ は作用し，その大きさはやはり N に比例して，

$$f' = \mu' N \quad 〔\mathrm{N}〕 \tag{1.16}$$

となる．ここで，μ' は **動摩擦係数** で，その大きさは μ_0 と比較してかなり小さくなることがよく知られている．

例題 1-8　図 1.23 のように，角度 α〔°〕の斜面に質量 m〔kg〕の物体が静止している．(1) 物体に作用する垂直抗力 $\vec{N}$〔N〕および摩擦力 $\vec{f}$〔N〕の大きさを求めよ．(2) α を大きくすると物体が動き始める．物体が静止するための，α の条件を求めよ．

解

(1) 図のように斜面を下る方向に x 軸，それと垂直上方の方向に y 軸をとる．このときの力のつりあいの条件はそれぞれ，

$$
\begin{aligned}
mg\sin\alpha - f &= 0 \\
mg\cos\alpha - N &= 0
\end{aligned}
$$

となるので，

$$
N = mg\cos\alpha, \quad f = mg\sin\alpha
$$

(2) この力のつりあいが成り立つためには，$f \leq \mu_0 N$ でなければならないので，

$$
\begin{aligned}
mg\sin\alpha &\geq \mu_0 mg\cos\alpha \\
\therefore\ \mu_0 &\leq \tan\alpha
\end{aligned}
$$

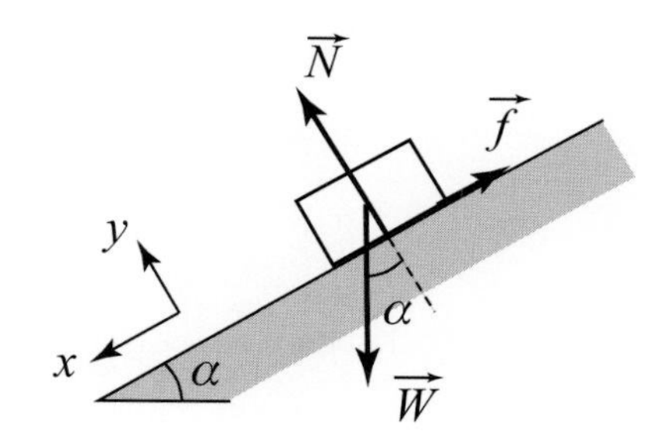

図 1.23: 斜面に置いた物体に作用する力

第2章　速度と加速度

ここでは，質点が時間とともに変位することを，数学的に，特に微分を用いて表す．まず最も簡単な直線上の一次元の運動を考え，続いて三次元や円運動などのより複雑な運動についてそれを応用する．

2.1　一次元の運動

まず，質点の位置の決め方を定義しなければならない．それには，図 2.1 のように，直線上の任意の点を **原点**O とし，どちらかの方向に **座標** x〔m〕をとる．これにより，質点 P の位置は x の値によって一意的に決まる．注意すべきことは，x の上に矢印はついていないが，その絶対値は O からの距離という大きさで，その符号は O から見た方向を示しているので，ベクトル量とみなすことができる．

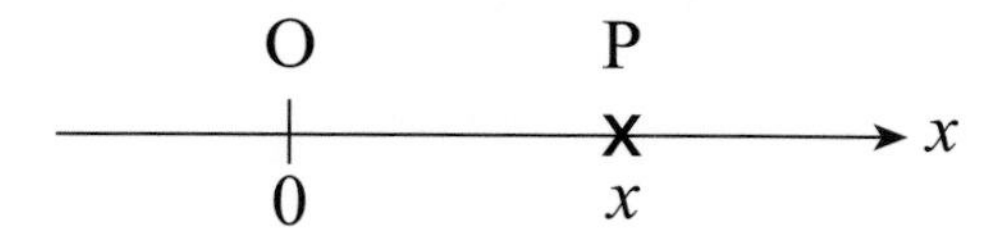

図 2.1: 一次元の運動をする質点の座標

等速度運動

質点の位置 x が時刻 $t = 0$ s における値 x_0〔m〕から

$$x = x_0 + ct \tag{2.1}$$

で運動したとする．ただし，ここで c は定数とする．このときの x と t の関係は図 2.2 に示すようなものになる．質点の **速度**v〔m/s〕とは，単位時間（SI 単位系では 1 s）あたりの変位と定義される．すなわち，t から $t + \Delta t$ までの変位を

$$\Delta x = x(t + \Delta t) - x(t) \tag{2.2}$$

とすれば，その時間間隔 Δt での **平均速度** として，

$$v = \frac{\Delta x}{\Delta t} \tag{2.3}$$

と表すことができる．ここに，(2.1) 式を代入すれば，

$$\Delta x = x_0 + c(t + \Delta t) - x_0 + ct = c\Delta t$$

なので，

$$v = \frac{\Delta x}{\Delta t} = c \quad 〔m/s〕$$

となる．この値は図2.2に描かれた直線の **傾き** に対応する．このような運動を **等速度運動** という．v は大きさと正負の向きがあるので，ベクトル量とみなすことができる．

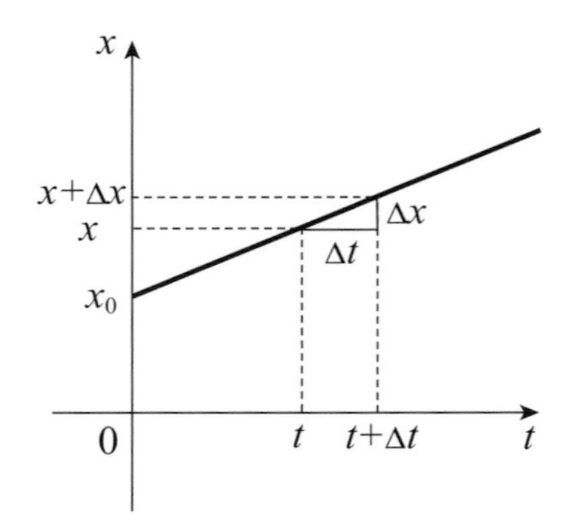

図 2.2: 等速度運動の x と t の関係

瞬間の速度

質点の運動が等速度であることはまれであり，一般的には t が変化すると v も変化する．例えば，質点を空中で静かに落下させると，v の大きさは次第に大きくなる．図2.3に t によって速度が変化する運動の x と t の関係の一例を示す．ここで t から $t + \Delta t$ までの Δx をとれば，$\Delta x/\Delta t$ は Δt の間の **平均速度** $\overline{v}$ となる．

ここで Δt を小さくしていくと，Δx も小さくなっていくが，$\Delta x/\Delta t$ は一定の値に近づく．すなわち，

$$v(t) = \lim_{t\to\infty} \frac{\Delta x}{\Delta t} \tag{2.4}$$

を，t における **瞬間の速度** あるいは単に **速度** と呼ぶ．図2.3から容易に想像できるように，速度は曲線 $x(t)$ に引いた **接線の傾き** に対応する．

例題 2-1　ある質点の運動が，$x(t) = x_0 + ct^2$ 〔m〕であったとしたときの，t 〔s〕における速度 v 〔m/s〕を求めよ．

解　t および $t + \Delta t$ のときの質点の位置はそれぞれ，

$$\begin{aligned} x(t) &= x_0 + ct^2 \\ x(t+\Delta t) &= x_0 + c(t+\Delta t)^2 \end{aligned}$$

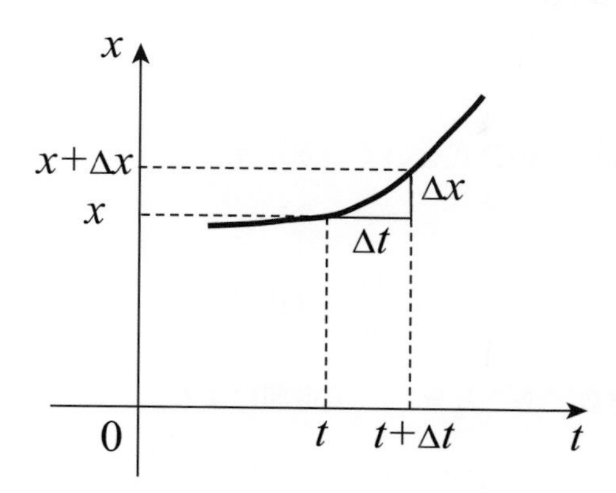

図 2.3: 速度が変化する運動の x と t の関係と平均速度

なので,

$$\Delta x = 2ct\Delta t + c\Delta t^2$$

となる．したがって,

$$\frac{\Delta x}{\Delta t} = 2ct + c\Delta t$$

ここで, $\Delta t \to 0$ とすれば,

$$v(t) = \lim_{\Delta t \to 0} \frac{\Delta x}{\Delta t} = 2ct \quad \text{〔m/s〕}$$

である．

導関数と微分

これまでに説明したことをより数学的に表そう．x は t の関数であり, $x = x(t)$ と書くことができる．t から $t + \Delta t$ までの変位は,

$$\Delta x = x(t + \Delta t) - x(t)$$

であるので, t における速度 $v(t)$ は,

$$v(t) = \lim_{t \to 0} \frac{\Delta x}{\Delta t} = \lim_{t \to 0} \frac{x(t + \Delta t) - x(t)}{\Delta t} \tag{2.5}$$

と表される．これを関数 $x(t)$ の **導関数** と呼び, $\dfrac{\mathrm{d}x}{\mathrm{d}t}$ と書く．また導関数を求めることを **微分する** という．したがって速度 $v(t)$ は,

$$v(t) = \frac{\mathrm{d}x}{\mathrm{d}t}$$

である.

微分の公式 (1)

ここですぐに必要な微分の公式をいくつか示す.

(a) べき関数

$x(t) = t^k$ のとき,

$$\frac{\mathrm{d}x}{\mathrm{d}t} = kt^{k-1} \tag{2.6}$$

例えば, k が正の整数であるとき, 二項定理により,

$$\begin{aligned} x(t+\Delta t) &= (t+\Delta t)^k = t^k + kt^{k-1}\Delta t + \frac{1}{2}k(k-1)t^{k-2}\Delta t^2 + \cdots \\ \frac{\Delta x}{\Delta t} &= kt^{k-1} + \frac{1}{2}k(k-1)t^{k-2}\Delta t + \cdots \\ \frac{\mathrm{d}x}{\mathrm{d}t} &= \lim_{\Delta t \to 0}\frac{\Delta x}{\Delta t} = kt^{k-1} \end{aligned}$$

この式は, k が負であっても整数でなくても成り立つ. 例えば,

$$x(t) = \frac{1}{t} = t^{-1}\text{のとき,} \qquad \frac{\mathrm{d}x}{\mathrm{d}t} = (-1)t^{-2} = -\frac{1}{t^2}$$

$$x(t) = \frac{1}{\sqrt{t}} = t^{-\frac{1}{2}}\text{のとき,} \qquad \frac{\mathrm{d}x}{\mathrm{d}t} = (-\frac{1}{2})t^{-\frac{3}{2}} = -\frac{1}{2\sqrt{t^3}}$$

である.

(b) 定数との積

$x(t) = cf(t)$ のとき,

$$\frac{\mathrm{d}x}{\mathrm{d}t} = c\frac{\mathrm{d}f}{\mathrm{d}t} \tag{2.7}$$

(c) 関数の和

$x(t) = f(t) + g(t)$ のとき,

$$\frac{\mathrm{d}x}{\mathrm{d}t} = \frac{\mathrm{d}f}{\mathrm{d}t} + \frac{\mathrm{d}g}{\mathrm{d}t} \tag{2.8}$$

例題 2-2　一次元の運動をしている質点の, 時刻 t 〔s〕での位置 x 〔m〕が,

$$x(t) = \alpha t^2 + \beta t + \gamma \quad \text{〔m〕} \tag{2.9}$$

と与えられる. ただし, α, β および γ はそれぞれ定数とする. (1) t における速度 v 〔m/s〕を求めよ. (2)v が 0 となる t はいつか.

解

(1) $x(t)$ を t で微分すれば,

$$v(t) = \frac{\mathrm{d}x}{\mathrm{d}t} = 2\alpha t + \beta \tag{2.10}$$

(2) $v = 0$ となるためには,

$$2\alpha t + \beta = 0, \qquad \therefore\ t = -\frac{\beta}{2\alpha}$$

加速度

一般的に質点の速度 v も t により変化する．t から $t + \Delta t$ までの間に v が Δv だけ変化したとすれば，$\dfrac{\Delta v}{\Delta t}$ を **平均の加速度** a〔m/s^2〕と呼ぶ．すなわち，

$$a = \frac{\Delta v}{\Delta t}$$

である．速度と同じように，t における **瞬間の加速度** あるいは単に **加速度** は，速度を微分することによって求められ，

$$a(t) = \frac{\mathrm{d}v}{\mathrm{d}t} = \frac{\mathrm{d}^2 x}{\mathrm{d}t^2} \tag{2.11}$$

となる．最後の式を 2 **階微分** と呼ぶ．

等加速度運動

例えば，例題 2-2 で加速度を求めれば，

$$a = \frac{\mathrm{d}v}{\mathrm{d}t} = 2\alpha$$

である．α は定数であるので，a は t が変化しても一定の値となる．このような運動を **等加速度運動** という．

もう一度，例題 2-2 の (2.9) 式に戻る．

$$x(t) = \alpha t^2 + \beta t + \gamma$$

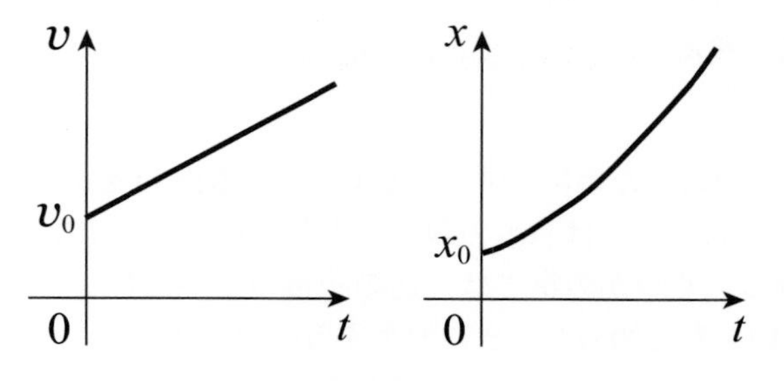

図 2.4: 等加速度運動における v および x の t 変化の例．$a > 0$，$v_0 > 0$，$x_0 > 0$ の場合

ここで，いつも $a=2\alpha$ であり，$t=0$ のときの位置（**初期位置**）を x_0〔m〕，そのときの速度（**初速度**）を v_0〔m/s〕とすれば，(2.10) および (2.9) 式はそれぞれ，

$$v(t) = at + v_0 \tag{2.12}$$

$$x(t) = \frac{1}{2}at^2 + v_0 t + x_0 \tag{2.13}$$

と書くことができる．図 2.4 は，そのときの $v-t$ および $x-t$ の関係を図示したものである．

例題 2-3　加速度 a〔$\mathrm{m/s^2}$〕で一次元の等加速度運動をしている質点の，時刻 t_1〔s〕および t_2〔s〕における速度をそれぞれ v_1〔m/s〕および v_2〔m/s〕，t_1 から t_2 までに動いた距離を s〔m〕とすれば，$v_2^2 - v_1^2 = 2as$ であることを示せ．

解　まず、初速度および初期位置をそれぞれ v_0〔m/s〕および x_0〔m〕とする．(2.12) 式より，

$$v_2^2 - v_1^2 = (at_2+v_0)^2 - (at_1+v_0)^2 = a^2(t_2^2 - t_1^2) + 2av_0(t_2 - t_1)$$

また，(2.13) 式より，

$$\begin{aligned} s &= \left(\frac{1}{2}at_2^2 + v_0 t_2 + x_0\right) - \left(\frac{1}{2}at_1^2 + v_0 t_1 + x_0\right) \\ &= \frac{1}{2}a(t_2^2 - t_1^2) + v_0(t_2 - t_1) \\ 2as &= a^2(t_2^2 - t_1^2) + 2av_0(t_2 - t_1) \\ \therefore \quad & v_2^2 - v_1^2 = 2as \end{aligned}$$

2.2　三次元の運動

実際の質点は，三次元的に運動する．これまで考えてきた一次元の運動の知識を拡張して三次元の運動を考える．

位置ベクトル

まず質点の位置を決めるために，図 2.5 のようにある点 O を原点として，xyz 直交座標を考える．ここで x，y，z は右手の親指，人差し指および中指の順番となる **右手系** を採用する．今後のいくつかの章では，逆の順番の左手系としても結果に影響はないが，ベクトルの外積を考え始めたときに混乱するので，今のうちに右手系で考える習慣をつけておこう．さて，(x,y,z) の 3 つの座標を定めれば，点 P の位置は一意的に決まる．ここで，O を始点とし P を終点としたベクトルを，**位置ベクトル**，

$$\vec{r} = (x,y,z) \quad 〔\mathrm{m}〕 \tag{2.14}$$

と定義する．その成分はそのまま (x, y, z) である．ここで，位置が $\vec{r}_1$ から $\vec{r}_2$ に移動すれば，そのときの **変位ベクトル** $\vec{s}$ 〔m〕は，

$$\vec{s} = \vec{r}_2 - \vec{r}_1 \tag{2.15}$$

となる．

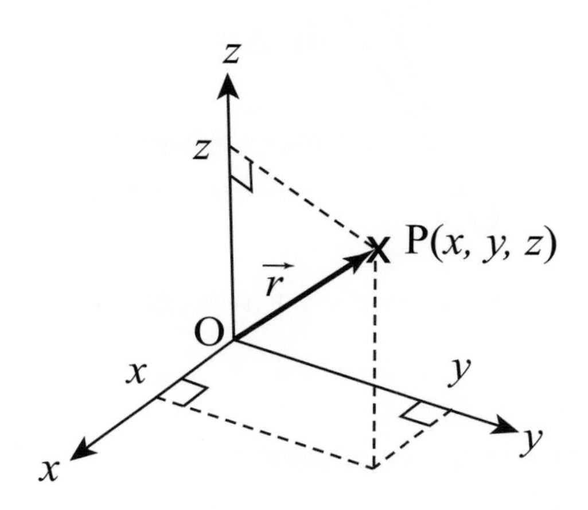

図 2.5: 直交座標系と質点の位置ベクトル

速度ベクトル

$\vec{r}$ は時刻とともに変化する関数なので，

$$\vec{r}(t) = (x(t), y(t), z(t))$$

としておく．図 2.6 のように，時刻が t 〔s〕から $t + \Delta t$ 〔s〕まで変化したときの，微小な変位を $\Delta\vec{r}$ 〔m〕とすれば，

$$\Delta\vec{r} = \vec{r}(t + \Delta t) - \vec{r}(t) \tag{2.16}$$

であり，これを成分表示すれば，

$$\begin{aligned} \Delta x &= x(t + \Delta t) - x(t) \\ \Delta y &= y(t + \Delta t) - y(t) \\ \Delta z &= z(t + \Delta t) - z(t) \end{aligned} \tag{2.17}$$

となる．したがって，そのときの平均の速度は，

$$\frac{\Delta\vec{r}}{\Delta t} = \left(\frac{\Delta x}{\Delta t}, \frac{\Delta y}{\Delta t}, \frac{\Delta z}{\Delta t}\right) \quad 〔\mathrm{m/s}〕 \tag{2.18}$$

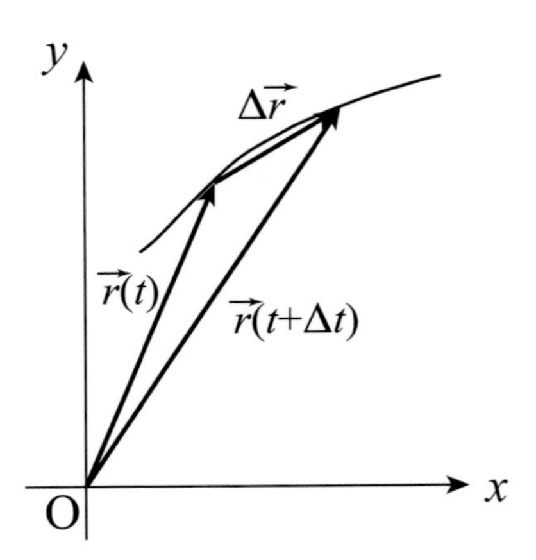

図 2.6: 位置ベクトルの時間変化

となる．

一次元のときと同じように $\Delta t \to 0$ の極限を考えれば，それが瞬間の速度，あるいは単に **速度** $\vec{v}$〔m/s〕となり，

$$\vec{v} = \lim_{\Delta t \to 0} \frac{\Delta \vec{r}}{\Delta t} = \frac{\mathrm{d}\vec{r}}{\mathrm{d}t} \tag{2.19}$$

である．$\vec{v}$ を成分で表せば，

$$\vec{v} = (v_x, v_y, v_z) = \left(\frac{\mathrm{d}x}{\mathrm{d}t}, \frac{\mathrm{d}y}{\mathrm{d}t}, \frac{\mathrm{d}z}{\mathrm{d}t} \right) \tag{2.20}$$

となる．図 2.6 で $\Delta t \to 0$ の極限では $\Delta\vec{r} \to 0$ となるが，その比を取ると $\vec{v}$ は質点が移動する **経路の接線方向** を向く．

速度が一定である運動を **等速度運動** というが，これは速さ v が一定である等速運動とは異なる．それは，等速度はベクトルとして，大きさを示す v とともにその方向も同一である必要があるからである．

例題 2-4　時刻 t〔s〕における位置 (x, y)〔m〕が，

$$x = \frac{1}{2}t, \quad y = -\frac{1}{8}t^2 + t$$

で与えられる質点の運動がある．(1) 運動する質点が描く経路の曲線の式を求め，$0 \geq t \geq 10$ における曲線をグラフに描け．(2) $t = 0,\ 4,\ 8$ s における速度 $\vec{v}$〔m/s〕を求め，(1) のグラフの曲線上の対応する点に書け．

解

(1) 第 1 式より $t = 2x$ なので，第 2 式に代入して，

$$y = -\frac{1}{8}(2x)^2 + 2x = -\frac{1}{2}x^2 + 2x = -\frac{1}{2}(x-2)^2 + 2$$

したがって，得られるグラフは図 2-7 のようになる．
(2) $\vec{v}$ の成分は，

$$v_x = \frac{1}{2}, \quad v_y = -\frac{1}{4}t + 1$$

したがって，

$$\vec{v}(0) = \left(\frac{1}{2}, 1\right), \quad \vec{v}(4) = \left(\frac{1}{2}, 0\right), \quad \vec{v}(8) = \left(\frac{1}{2}, -1\right)$$

となる．これを質点の位置を始点として矢印で書き込むと図 2.7 のようになる．

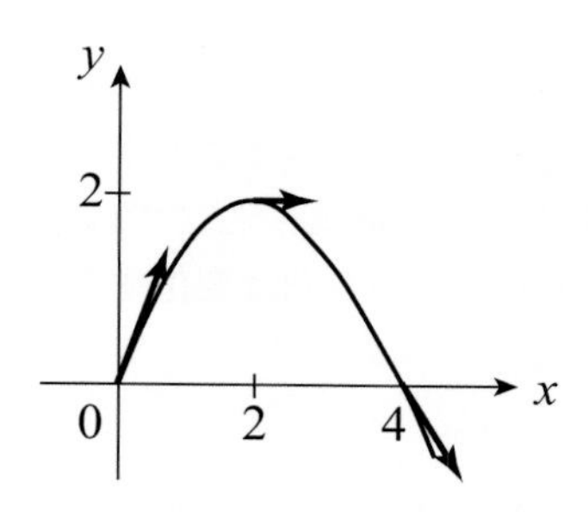

図 2.7: 例題 2-4 の解答のグラフ

加速度ベクトル

質点の運動において，位置の時間変化の割合を示すのが速度であるのに対し，速度 $\vec{v}$ の時間変化の割合を示すのが **加速度** $\vec{a}$〔m/s^2〕である．したがって速度を求めたのと同じようにして，

$$\Delta\vec{v} = \vec{v}(t + \Delta t) - \vec{v}(t)$$

であり，時刻 t において，

$$\vec{a} = \lim_{\Delta t \to 0} \frac{\vec{v}(t + \Delta t) - \vec{v}(t)}{\Delta t} = \frac{\mathrm{d}\vec{v}}{\mathrm{d}t} \tag{2.21}$$

となる．これを成分表示すれば，

$$\vec{a} = (a_x, a_y, a_z) = \left(\frac{\mathrm{d}v_x}{\mathrm{d}t}, \frac{\mathrm{d}v_y}{\mathrm{d}t}, \frac{\mathrm{d}v_z}{\mathrm{d}t}\right) = \left(\frac{\mathrm{d}^2 x}{\mathrm{d}t^2}, \frac{\mathrm{d}^2 y}{\mathrm{d}t^2}, \frac{\mathrm{d}^2 z}{\mathrm{d}t^2}\right) \tag{2.22}$$

となる．

例題 2-5　例題 2-4 の運動について加速度を求めよ．
解　$\vec{v}$〔m/s〕の x，y 成分を t〔s〕で微分すれば，

$$a_x = \frac{\mathrm{d}v_x}{\mathrm{d}t} = 0, \qquad a_y = \frac{\mathrm{d}v_y}{\mathrm{d}t} = -\frac{1}{4}$$

したがって,

$$\vec{a} = \left(0, -\frac{1}{4}\right) \quad 〔\mathrm{m/s^2}〕$$

この例題では，加速度が t によらず一定であるので，**等加速度運動** である.

2.3　円運動

質点が円を描いて回転する円運動はよく見ることができる．この運動の特徴は，運動の向きが時刻とともに変化することである．ここでは速さが一定の等速円運動を考える．注意すべきは，速さは一定でもその方向は変化するので，等速度運動ではないことである.

等速円運動

図2.8のように，質点が運動する平面上に，円の中心を原点Oとして xy 直交座標をとる．そのとき，質点はOからの距離 r〔m〕を変化させずに運動する．$\vec{r}$ が x 軸正の向きを向いた瞬間を $t = 0$ s とすれば，$\vec{r}$ と x 軸の間の角 θ〔°〕は時間に比例する．θ の変化する速さ（**角速度** の大きさ）を ω〔°/s〕とすれば,

$$\theta = \omega t \tag{2.23}$$

である．右手系と関連するが，ω の符号は，z 軸正の側から見て反時計回りに回転するときが正である.

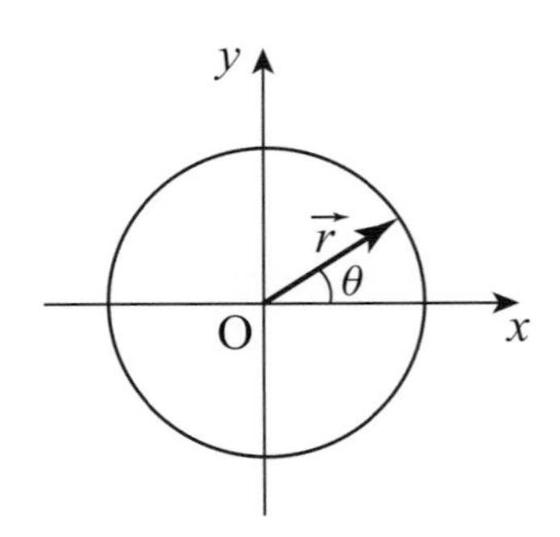

図 2.8: 等速円運動

このとき質点の x，y 座標はそれぞれ,

$$x = r\cos\theta = r\cos\omega t$$
$$y = r\sin\theta = r\sin\omega t$$

である．したがって，$\vec{r}$ としてまとめると，

$$\vec{r} = (r\cos\omega t, r\sin\omega t) \tag{2.24}$$

となる．

弧度法

今後の微分などの計算を行うために，角度の表し方として「度」ではなく，新たに **弧度法** を用いる．弧度法では，図 2.9 に示すように，半径 $r = 1$ m の扇形を描き，その弧の長さ l〔m〕で中心角 θ を表す．したがって，$90°$ は $\dfrac{\pi}{2}$，$360°$ は 2π である．

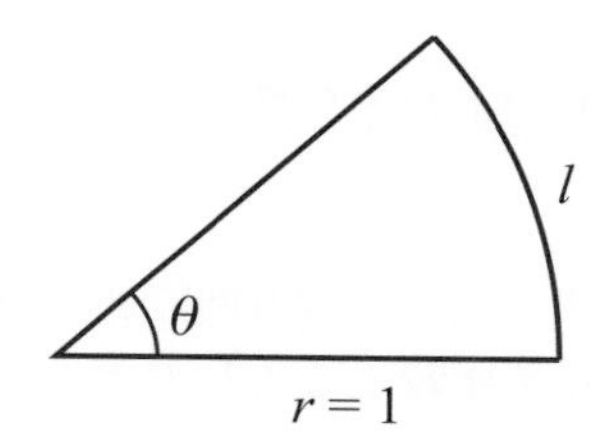

図 2.9: 弧度法による角度の表示法

すなわち，半径 r〔m〕で円弧の長さ l〔m〕のときの中心角 θ は，

$$\theta = \frac{l}{r} \tag{2.25}$$

となる．この式からわかるように，θ は次元のない量である．そこで単位としては次元のない **ラジアン**〔rad〕とする．

速度と加速度

質点が半径 r〔m/s〕の円弧を 1 秒間だけ回転すると，その距離は v〔m/s〕となる．そのときの中心角は角速度 ω〔rad/s〕だけ変化するので，

$$\omega = \frac{v}{r}, \qquad \text{あるいは} \quad v = r\omega \tag{2.26}$$

となる．

等速円運動では，**速度ベクトル** $\vec{v}$ の大きさ v は一定であるが，その方向は変化するので等速度運動ではない．図 2.10(a) に示すように，$\vec{v}$ は円の接線方向に向き，質点の位置の回転とともに，$\vec{v}_0 \to \vec{v}_1 \to \vec{v}_2 \to \vec{v}_3$ のように回転する．

$\vec{v}$ の回転のようすを図に描くと，図 2.10(b) のようになる．円の半径は $v = r\omega$ で，y 軸正の位置から反時計回りに角速度 ω で回転する．$\vec{r}$ から $\vec{v}$ を導出したのと同じように **加速度ベクトル** $\vec{a}$〔m/s^2〕を求めることができる．

まず，$\vec{a}$ の大きさは，

$$a = v\omega = r\omega^2 \tag{2.27}$$

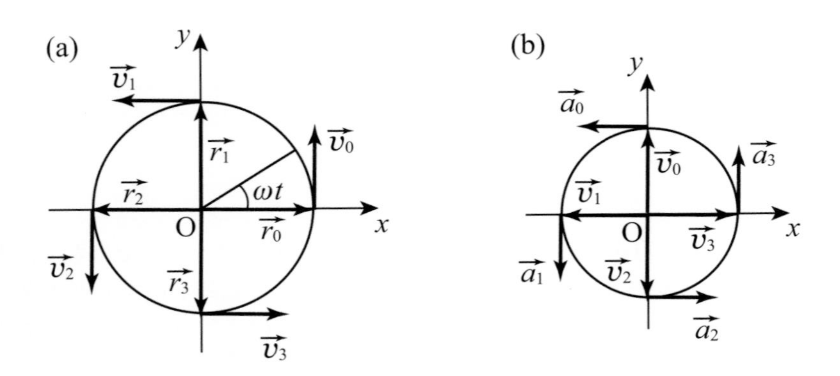

図 2.10: 等速円運動における位置，速度，加速度のベクトル

となる．また $\vec{a}$ の方向は，$\vec{v}$ が描く円の接線方向であるので，常に $\vec{r}$ とは逆の方向を向くことが，図 2.10(a) および (b) を比較することでよくわかる．したがって，

$$\vec{a} = -\omega^2 \vec{r} \tag{2.28}$$

が常に成り立っている．

微分の公式 (2)

ここでは，微分によって速度および加速度のベクトルを求めるために必要な三角関数の微分の公式を学ぶ．

(d) 三角関数の微分

$$y = \sin x \text{ のとき，} \qquad \frac{\mathrm{d}y}{\mathrm{d}x} = \cos x \tag{2.29}$$

$$y = \cos x \text{ のとき，} \qquad \frac{\mathrm{d}y}{\mathrm{d}x} = -\sin x \tag{2.30}$$

証明　まず $y = \sin x$ について x の変化 Δx による y の変化を Δy とすると，

$$\Delta y = \sin(x + \Delta x) - \sin x = \sin x(\cos \Delta x - 1) - \cos x \sin \Delta x \tag{2.31}$$

となる．ここで図 2.11 のような半径が 1 で中心角 δ の小さな扇形を考える．ここで，

$$\overset{\frown}{\mathrm{PQ}} = \delta, \qquad \overline{\mathrm{QR}} = \sin \delta, \qquad \overline{\mathrm{PR}} = 1 - \cos \delta = 2 \sin^2 \frac{\delta}{2}$$

である．ここで $\delta \to 0$ とすれば，$\overset{\frown}{\mathrm{PQ}} \sim \overline{\mathrm{QR}}$ となることは図から明瞭であるので，

$$\sin \delta \quad \sim \quad \delta \tag{2.32}$$

$$1 - \cos \delta \quad \sim \quad \frac{1}{2}\delta^2 \tag{2.33}$$

となる．したがって，(2.31) 式で $\Delta x \to 0$ とすれば，

$$\Delta y = -\frac{1}{2}\sin x \cdot \Delta x^2 + \cos x \cdot \Delta x$$

であるので，

$$\begin{aligned}\frac{\Delta y}{\Delta x} &= \cos x - \frac{1}{2}\sin x \cdot \Delta x\\ \frac{\mathrm{d}y}{\mathrm{d}x} &= \lim_{\Delta x \to 0}\frac{\Delta y}{\Delta x} = \cos x\end{aligned}$$

となる．

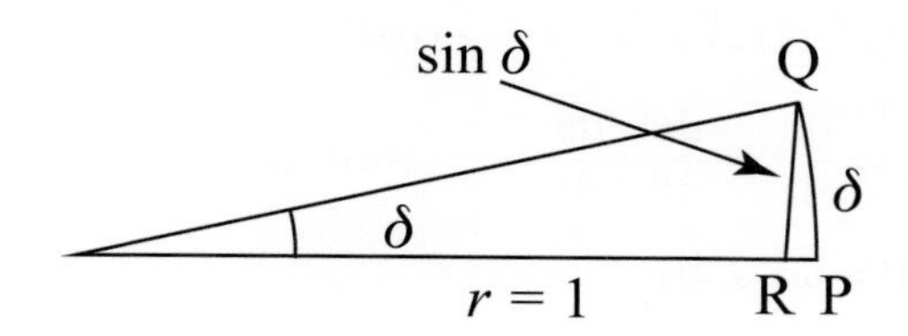

図 2.11: 小さな中心角での三角関数の近似

同様の計算を，$y = \cos x$ にも行うことができる．

$$\Delta y = \cos(x + \Delta x) - \cos x = \cos x(\cos \Delta x - 1) - \sin x \sin \Delta x$$

となる．$\Delta x \to 0$ とすれば，

$$\Delta y = \cos x \cdot \left(-\frac{\Delta x^2}{2}\right) - \sin x \cdot \Delta x$$

であるので，

$$\begin{aligned}\frac{\Delta y}{\Delta x} &= -\sin x - \frac{1}{2}\cos x \cdot \Delta x\\ \frac{\mathrm{d}y}{\mathrm{d}x} &= \lim_{\Delta x \to 0}\frac{\Delta y}{\Delta x} = -\sin x\end{aligned}$$

となる．

(e) 関数が変数の関数の微分

$$y = f(x), x = g(t) \text{ のとき，}\quad \frac{\mathrm{d}y}{\mathrm{d}t} = \frac{\mathrm{d}y}{\mathrm{d}x}\cdot\frac{\mathrm{d}x}{\mathrm{d}t} \tag{2.34}$$

証明　t の変化 Δt に対する x の変化を Δx，Δx に対する y の変化を Δy とすれば，

$$\begin{aligned}\Delta y &= f(x + \Delta x) - f(x)\\ \Delta x &= g(t + \Delta t) - g(t)\end{aligned}$$

したがって，

$$\frac{\Delta y}{\Delta t} = \frac{f(x+\Delta x)-f(x)}{\Delta t} = \frac{f(x+\Delta x)-f(x)}{\Delta x}\cdot\frac{g(t+\Delta t)-g(t)}{\Delta t}$$

ここで，$\Delta t \to 0$ とすれば $\Delta x \to 0$ となるので，

$$\frac{\mathrm{d}y}{\mathrm{d}t} = \lim_{\Delta x\to 0}\frac{f(x+\Delta x)-f(x)}{\Delta x}\cdot\lim_{\Delta t\to 0}\frac{g(t+\Delta t)-g(t)}{\Delta t} = \frac{\mathrm{d}y}{\mathrm{d}x}\cdot\frac{\mathrm{d}g}{\mathrm{d}t}$$

となる．

微分を用いた等速円運動の速度および加速度

等速円運動の位置の (2.24) 式より，$x = r\cos\theta$，$\theta = \omega t$ なので，

$$v_x = \frac{\mathrm{d}x}{\mathrm{d}t} = \frac{\mathrm{d}x}{\mathrm{d}\theta}\cdot\frac{\mathrm{d}\theta}{\mathrm{d}t} = -r\sin\theta\cdot\omega = -r\omega\sin\omega t$$

同様に，$y = r\sin\theta$，$\theta = \omega t$ より，

$$v_y = \frac{\mathrm{d}y}{\mathrm{d}t} = \frac{\mathrm{d}y}{\mathrm{d}\theta}\cdot\frac{\mathrm{d}\theta}{\mathrm{d}t} = r\cos\theta\cdot\omega = r\omega\cos\omega t$$

となる．ベクトルとしてまとめれば，

$$\vec{v} = (-r\omega\sin\omega t, r\omega\cos\omega t)$$

速さ v は，

$$v = \sqrt{(-r\omega\sin\omega t)^2 + (r\omega\cos\omega t)^2} = \sqrt{r^2\omega^2(\sin^2\omega t + \cos^2\omega t)} = r\omega$$

同じような計算より，加速度は，

$$\begin{aligned} a_x = \frac{\mathrm{d}v_x}{\mathrm{d}t} &= -r\omega^2\cos\omega t \\ a_y = \frac{\mathrm{d}v_y}{\mathrm{d}t} &= -r\omega^2\sin\omega t \end{aligned} \tag{2.35}$$

となり，

$$\begin{aligned} \vec{a} &= (-r\omega^2\cos\omega t, -r\omega^2\sin\omega t) = -\omega^2\vec{r} \\ a &= \sqrt{(-r\omega^2\cos\omega t)^2 + (-r\omega^2\sin\omega t)^2} = \sqrt{r^2\omega^4(\sin^2\omega t + \cos^2\omega t)} = r\omega^2 \end{aligned}$$

これらの微分で求めた式は，いずれも前に求めた (2.26) および (2.27) 式と一致している．

第3章　運動の法則

力と運動の法則を明らかにしたのは，イギリス人のアイザック・ニュートン（1642-1727）である．著書「プリンキピア（自然哲学の数学的諸原理）」の中で，物体の運動は，全て3つの基本法則にしたがうことを示した．

3.1　慣性の法則（運動の第一法則）

物体の運動を考えるとき，その理解の最も大きな障害となるのは，おそらく摩擦力の存在である．例えば，ギリシャの哲学者アリストテレスは，物体の速さは力に比例する，と考えたが，人間社会の一般的な考えからスタートすれば，常識的であろう．しかしながら，氷の上を滑る石に，特に力が加えられているとは思えない．ニュートンは，第一の法則を以下のように述べた．

慣性の法則
物体は力を受けない限り，そのまま静止あるいは等速直線運動を続ける．

物体が運動状態をそのまま保つ性質を **慣性** という．

ここで「力を受けない限り」となっているが，例えば図3.1のように摩擦のない床面を滑る物体には，重力および垂直抗力の2つの力が作用している．しかしながら，この2つの力はつりあっているので，運動には影響せず，慣性の法則が成り立つ．

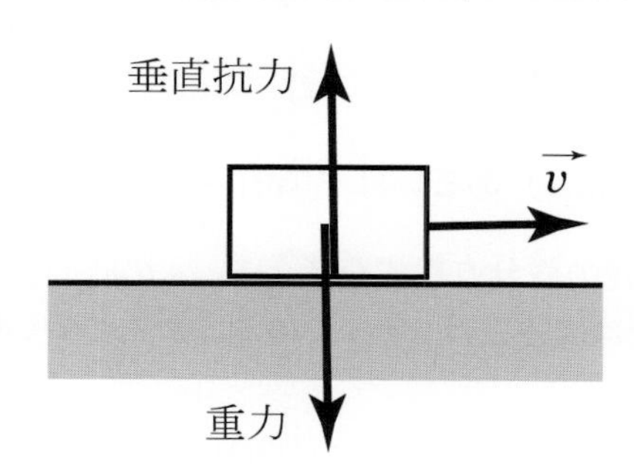

図 3.1: 力のつりあいと慣性の法則

3.2　運動方程式（運動の第二法則）

物体の運動状態を変化させるのは，力 $\vec{F}$〔N〕である．また，運動状態が変化するとは加速度 $\vec{a}$〔m/s^2〕が生じるということである．さらに，同じ力を加えても物体によって運動状態の変化が起きやすいものと起きにくいものがある．その違いを表すのが物体の質量 m〔kg〕である．ニュートンは，第二の法則を以下のように述べた．

運動方程式
物体に生じる加速度は，物体に作用する力に比例し，物体の質量に反比例する

$$m\vec{a} = \vec{F} \tag{3.1}$$

地表では一般的に，m はその物体に働く重力の大きさで測定する．しかしながら，例えば微小重力下の宇宙船内では宇宙飛行士の健康管理に重要な体重を測定するのに，重力を用いることはできない．そのためばねのついた椅子につかまって振動させ，その周期を測定している．

質量の単位 kg は 2019 年までフランス・パリにある国際度量衡局に保管されてきた白金・イリジウム合金でできた「キログラム原器」をその基準として用いてきた．しかしながら μg オーダーの変動は避けられないため，2019 年 5 月 20 日の国際計量記念日より，プランク定数を $h = 6.62607015 \times 10^{-34}$ kgm^{2}s^{-1} と定めることが，国際度量衡総会（CGPM）で決定した．kg の計算には m および s の値が必要だが，m は光速を 299,792,458 ms^{-1} と，s は ^{133}Cs 原子の摂動を受けない基底状態の超微細構造遷移周波数を 9,192,631,770 s^{-1} と定めることが以前より決まっているので，それらを用いる．

運動方程式の解法

(3.1) 式で示される運動方程式は，今後求めたい位置や速度の微分である加速度が方程式の左辺に入っている **微分方程式** である．これを解くためには，微分とは反対方向の **積分** の知識が重要となる．すなわち，(3.1) 式より，

$$\vec{a} = \frac{1}{m}\vec{F}(\vec{r}, \vec{v}, t) \qquad 〔\mathrm{m/s^2}〕 \tag{3.2}$$

であるので，ここから $\vec{v}$〔m/s〕あるいは $\vec{r}$〔m〕を求める．

簡単のため，まず一次元の微分方程式を考える．a の時間変化が図 3.2 のようであったとする．時刻 t_1〔s〕では加速度は $a(t_1)$ である．ここで短い時間 Δt の間の速度の変化が Δv とすれば，

$$\Delta v = a(t_1)\Delta t$$

となる．これは図 3.2(a) の細長い長方形の面積に対応する．時刻 t_1 と t_2〔s〕の間を図のように Δt おきに区切っておくと，t_1 から t_2 までの v の変化は，その間の全ての薄い

長方形の面積の和を取ることに対応する．ここで $\Delta t \to 0$ とすれば，v の変化 $v(t_1, t_2)$ は図 3.2(b) で示すような面積となる．これを数学的には，

$$v(t_1, t_2) = \int_{t_1}^{t_2} a(t)\mathrm{d}t \tag{3.3}$$

と表し，関数 $a(t)$ の区間 $(t_1,\, t_2)$ における **定積分** という．

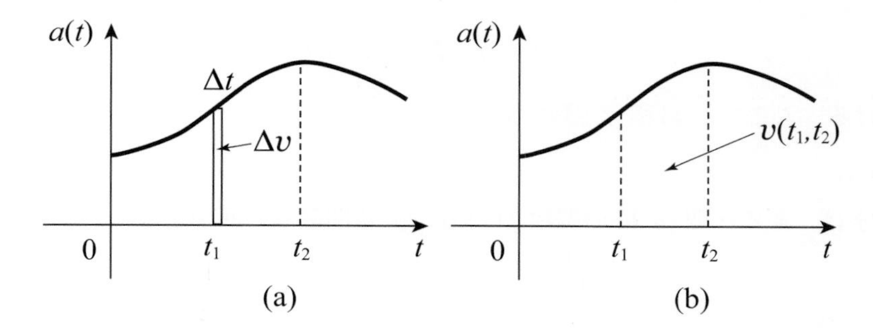

図 3.2: 加速度の時間変化

ここで，$t_1 = 0$，$t_2 = t$ とおけば，

$$v(t) = v_0 + \int_0^t a(t')\mathrm{d}t' \tag{3.4}$$

となる．ここで v_0〔m/s〕は $t = 0$ での速度，すなわち **初速度** である．

速度から位置を求めるのも，同様に考えれば，

$$x(t) = x_0 + \int_0^t v(t')\mathrm{d}t' \tag{3.5}$$

とすればよい．ここで x_0〔m〕は $t = 0$ での位置，すなわち **初期位置** である．

さて，三次元で微分方程式を解こうとすれば，上記の計算を 3 成分に分けて行うことになるので，ベクトルとしてまとめて記述すれば，

$$\vec{v}(t) = \vec{v}_0 + \int_0^t \vec{a}(t')\mathrm{d}t' \tag{3.6}$$

$$\vec{r}(t) = \vec{r}_0 + \int_0^t \vec{v}(t')\mathrm{d}t' \tag{3.7}$$

それに伴い，$t = 0$ での初期値についてもベクトル表記でき，$\vec{v}(0) = \vec{v}_0$，$\vec{r}(0) = \vec{r}_0$ と与えられる．

積分の公式

ここで，運動方程式より運動を定めるときに行う積分について，いくつかの公式をまとめる．

(a) 不定積分

$$\frac{\mathrm{d}F(x)}{\mathrm{d}x} = f(x)$$

を満たす $F(x)$ を

$$F(x) = \int f(x)\mathrm{d}x \tag{3.8}$$

と表し，これを $f(x)$ の **不定積分** という．あるいは，

$$F(x) = \int_0^x f(x')\mathrm{d}x' + C \tag{3.9}$$

とも書ける．ここで C は積分定数である．

(b) 定積分

定積分 は，ある区間 (a, b) の関数 $f(x)$ がつくる関数形の面積を求める．

$$\int_a^b f(x)\mathrm{d}x = F(b) - F(a) \tag{3.10}$$

証明　図 3.3 のような $f(x)$ を考えると，ある基準点 x_0 はどこであっても区間 (a, b) の b までの面積 $F(b)$ から a までの面積 $F(a)$ の差となる．

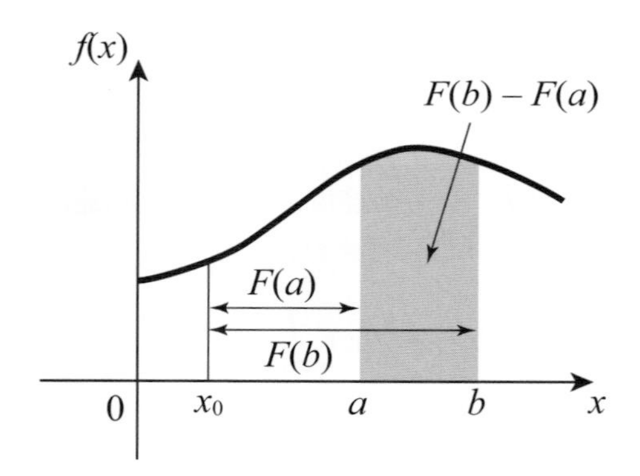

図 3.3: 定積分の考え方

(c) 不定積分の公式

これまでに得た，べき関数の微分の (2.6) 式，あるいは三角関数の微分の (2.29) および (2.30) 式より，

$$\int x^k \mathrm{d}x = \frac{1}{k+1}x^{k+1} + C \tag{3.11}$$

$$\int \sin x \mathrm{d}x = -\cos x + C \tag{3.12}$$

$$\int \cos x \mathrm{d}x = \sin x + C \tag{3.13}$$

となる．ただし，C はいずれも **積分定数** である．

(3.11) 式で $k = -1$ に対応する微分はまだ学修していないが，

$$\frac{\mathrm{d}\log_e x}{\mathrm{d}x} = \frac{1}{x} \tag{3.14}$$

$$\int \frac{1}{x}\mathrm{d}x = \log_e x + C \tag{3.15}$$

は知っておいた方がよいだろう．

例題 3-1　x 軸上を運動する質量 m〔kg〕の質点に一定の力 F〔N〕が作用している．時刻 $t = 0$ s のとき質点は原点で静止していたとして，その後の質点の運動を求めよ．

解　運動方程式は，

$$ma = F$$

であるので，

$$\frac{\mathrm{d}v}{\mathrm{d}t} = \frac{F}{m}$$

$v(0) = 0$ m/s なので，

$$v(t) = \int_0^t \frac{F}{m}\mathrm{d}t' = \frac{F}{m}t$$

つづいて，$x(0) = 0$ m なので，

$$x(t) = \int_0^t \frac{F}{m}t'\mathrm{d}t' = \frac{1}{2}\frac{F}{m}t^2$$

3.3　作用・反作用の法則（運動の第三法則）

例えば，人が壁を押すと，壁が人を押しているように感じる．この力と力の関係を，ニュートンは第三の法則として以下のように述べた．

作用・反作用の法則
物体 A が物体 B に力を及ぼすとき，B は A に同一作用線上で，大きさが等しく，逆向きの力を及ぼす．

A が B に及ぼす力を $\vec{F}_{\mathrm{A}\to\mathrm{B}}$〔N〕とすれば，この法則は，

$$\vec{F}_{\mathrm{A}\to\mathrm{B}} = -\vec{F}_{\mathrm{B}\to\mathrm{A}} \tag{3.16}$$

と書くことができる．

図 3.4 に 2 つの作用・反作用の法則の例を示す．最もわかりやすいのは上に述べたように人が手で壁を押そうとしたときに働く垂直抗力で，図 3.4(a) に示すように，手は壁から同じ大きさで反対向きの垂直抗力によって押される．わかりづらいのは，図 3.4(b) に示すような地表の物体に働く重力であろう．前に述べたように重力は地球が物体に作用する万有引力である．この反作用の力は，単に 2 つの対象物を入れ替えただけの，物体が地球に作用する万有引力に他ならない．対象となる 2 つの物体の大きさがあまりにも異なるので，理解を難しくしている．

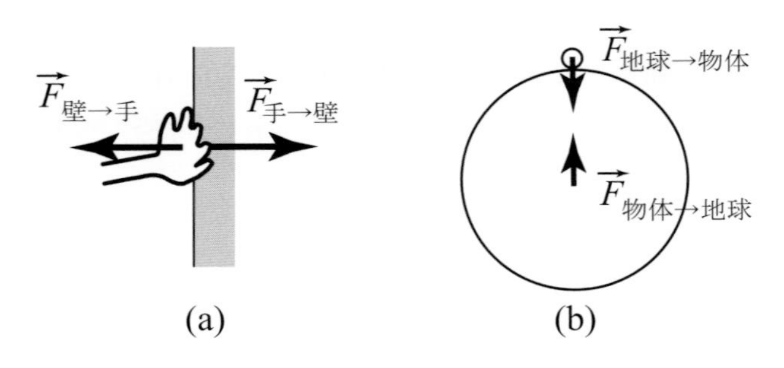

図 3.4: 作用・反作用の法則の例

作用・反作用の法則とよく間違われるのは，力のつりあいであろう．$\vec{F_1}$〔N〕および $\vec{F_2}$〔N〕の 2 つの力がつりあっていると，$\vec{F_2} = -\vec{F_1}$ となり，(3.16) 式と同じである．図 3.5 のように人が地表に静かに立っていると，人に作用する重力と，地表が人を押す垂直抗力がつりあう．しかしながら，作用・反作用の法則と力のつりあいは，似て非なるものである．人に作用する重力の反作用の力は，人が地球を引きつける万有引力であり，地面が人を押す垂直抗力の反作用の力は，人が地面を押す垂直抗力である．実際，もしこの人が空中にジャンプしたら，垂直抗力は消失するが，重力は作用し続けるので，この 2 つの力は作用・反作用の関係にはない．

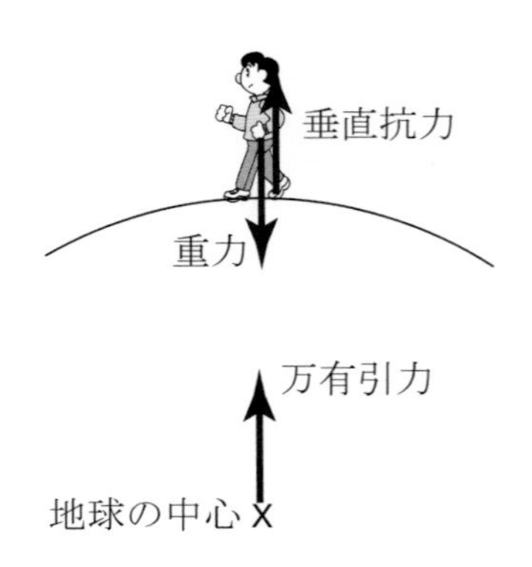

図 3.5: 作用・反作用の法則と力のつりあいの違い

第4章　いろいろな運動

この章では，質点に働くいくつかの基本的な力をまず数式で表し，そこから運動方程式をたて，それを解くことによって質点の運動を明らかにする．

4.1　落下運動

ここでは，作用する力が重力に限る場合である，地表付近の空中での質点の運動を考える．したがって，実際の物体には作用する空気の抵抗力は，ここでは無視できるとする．

鉛直に投げた質点の運動

初めに，質点を鉛直方向に投げたときの運動を考える．質点に作用する重力は，鉛直下向きに働き，質点はそれを通る鉛直線上を運動する．ここで図 4.1 のように，鉛直上向きに z 軸をとり，地上を原点 O とする．重力 F〔N〕は，鉛直下向きに働き，質点の質量を m〔kg〕とすれば，その大きさは mg なので，

$$F = -mg \quad \text{〔N〕}$$

である．ここで g は重力加速度の大きさで，およそ 9.8 m/s^2 である．

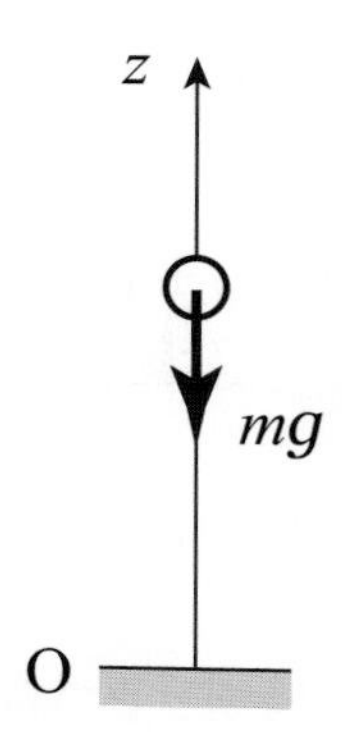

図 4.1: 空中に存在する質点とそれに作用する重力 F

これを用いれば，この質点の運動方程式は，

$$ma_z = -mg \tag{4.1}$$

となる．したがって，加速度 a_z〔m/s^2〕は，

$$a_z = \frac{dv_z}{dt} = -g \quad \text{〔m/s}^2\text{〕} \tag{4.2}$$

と書けるので，(3.11) 式の不定積分で $k = 0$ を用いれば，

$$v_z = -gt + C_1 \tag{4.3}$$

ここで C_1 は積分定数であるが，初速度を $v(0) = v_0$〔m/s〕とすれば，

$$v_z = -gt + v_0 \quad \text{〔m/s〕} \tag{4.4}$$

と求めることができる．さらに質点の位置 z〔m〕は，(4.4) 式を不定積分すれば，

$$z = -\frac{1}{2}gt^2 + v_0 t + C_2 \tag{4.5}$$

となる．ここで C_2 は積分定数であるが，初期位置を $z(0) = z_0$〔m〕とすれば，

$$z = -\frac{1}{2}gt^2 + v_0 t + z_0 \quad \text{〔m〕} \tag{4.6}$$

である．

このように，v_z あるいは z が求まれば，この質点の運動について，いろいろな特徴を導き出すことができる．

(a) 地上に達する時刻

(4.6) 式で $z = 0$ となる t〔s〕を求めればよい．したがって，

$$-\frac{1}{2}gt^2 + v_0 t + z_0 = 0$$

二次方程式を解けば，

$$t = -\frac{1}{g}\left(-v_0 \pm \sqrt{v_0^2 + 2gz_0}\right)$$

解としては，$t \geq 0$ を選べばよいので，

$$t = \frac{1}{g}\left(v_0 + \sqrt{v_0^2 + 2gz_0}\right) \quad \text{〔s〕}$$

(b) 投げ上げたときの最高点に達する時刻とその高さ

最高点になった瞬間に $v_z = 0$ となるので，(4.4) 式より，

$$\begin{aligned} -gt + v_0 &= 0 \\ \therefore\ t &= \frac{v_0}{g} \end{aligned}$$

となる．このときの高さ H は (4.5) 式に t を代入して，

$$H = \frac{1}{2}g\left(\frac{v_0}{g}\right)^2 + v_0\left(\frac{v_0}{g}\right) + z_0 = z_0 + \frac{v_0^2}{2g} \qquad 〔\mathrm{m}〕$$

例題 4-1． 傾斜角 α〔rad〕の滑らかな斜面に質量 m〔kg〕の質点を静かにおいたところ滑り始めた．(1) 重力加速度の大きさを g〔m/s^2〕として，滑り始めてから時間 t〔s〕の間に質点が動く距離を求めよ．(2) 滑り始めてからの高さの差が h〔m〕の点に達したときの質点の速さ v〔m/s〕を求め，これが α によらないことを示せ．

解

(1) 図 4.2 のように最初の点を原点 O とし，斜面下向きに x 軸をとる．図より，重力の x 成分は $mg\sin\alpha$〔N〕であるから，運動方程式は，

$$m\frac{\mathrm{d}v_x}{\mathrm{d}t} = mg\sin\alpha, \qquad \therefore \quad \frac{\mathrm{d}v_x}{\mathrm{d}t} = mg\sin\alpha$$

初期条件は，$v(0) = 0$ m/s および $x(0) = 0$ m であるので，

$$\begin{aligned} v(t) &= gt\sin\alpha \qquad 〔\mathrm{m/s}〕 \\ x(t) &= \frac{1}{2}gt^2\sin\alpha \qquad 〔\mathrm{m}〕 \end{aligned}$$

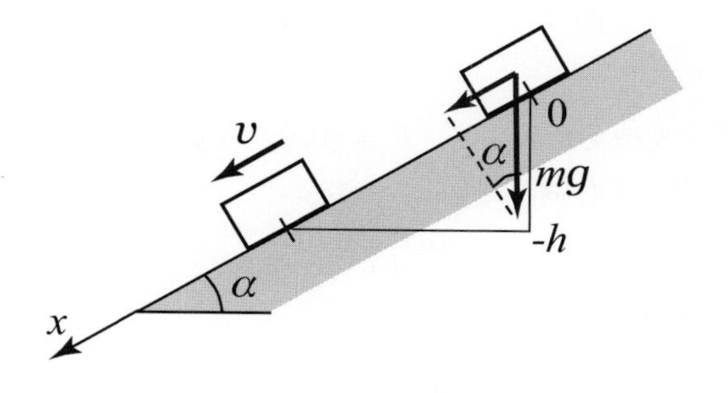

図 4.2: 斜面を滑る質点

(2) 図より，高さの差が h のとき，

$$x = \frac{h}{\sin\alpha} \qquad 〔\mathrm{m}〕$$

となるので，そのときの t は，

$$\frac{h}{\sin\alpha} = \frac{1}{2}gt^2\sin\alpha, \qquad \therefore \quad t = \sqrt{\frac{2h}{g}}\frac{1}{\sin\alpha} \qquad 〔\mathrm{s}〕$$

このときの v は，

$$v = g\sqrt{\frac{2h}{g}}\frac{1}{\sin\alpha}\sin\alpha = \sqrt{2gh} \qquad 〔\mathrm{m/s}〕$$

となり，これは α によらない．

斜めに投げた質点の運動

質量 m〔kg〕の質点を，角度 θ〔rad〕だけ水平から傾けて投げる場合を考える．三次元的にベクトルを用いて考える．図 4.3 に示すように初速 v_0〔m/s〕で投げる方向に x 軸，鉛直上方に z 軸，それらに垂直な方向に y 軸をとる．初期位置は $\vec{r}_0 = (0, 0, z_0)$〔m〕，初速度は $\vec{v}_0 = (v_0 \cos\theta, v_0 \sin\theta, 0)$〔m/s〕である．

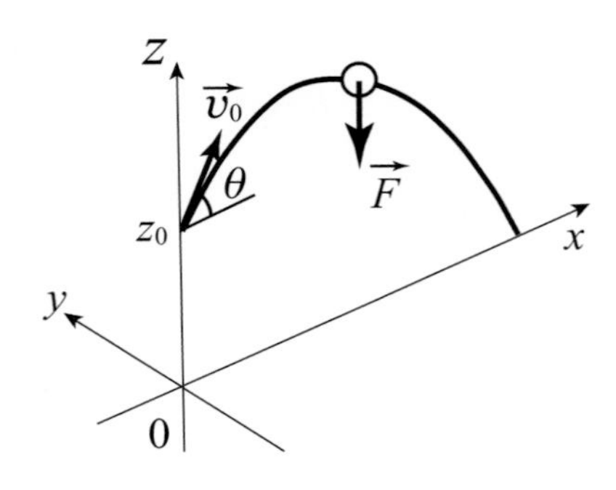

図 4.3: 斜めに投げた質点の運動

質点に作用する重力を成分で表すと，$\vec{F} = (0, 0, -mg)$〔N〕である．これを使って運動方程式をベクトル表記すれば，

$$m\frac{\mathrm{d}^2\vec{r}}{\mathrm{d}t^2} = \vec{F} \tag{4.7}$$

である．まず簡単な y 成分から考えると，

$$\frac{\mathrm{d}^2 y}{\mathrm{d}t^2} = 0 \quad \mathrm{m/s^2} \tag{4.8}$$

ここで初期条件は，

$$v_y(0) = 0 \quad \mathrm{m/s}, \quad y(0) = 0 \quad \mathrm{m}$$

なので，

$$v_y(t) = 0 \quad \mathrm{m/s}, \quad y(t) = 0 \quad \mathrm{m} \tag{4.9}$$

となり，y 方向には運動しない．

次に x 方向を考えると，

$$\frac{\mathrm{d}^2 x}{\mathrm{d}t^2} = 0 \quad \mathrm{m/s^2} \tag{4.10}$$

ここで初期条件は，

$$v_x(0) = v_0 \cos\theta \quad 〔\mathrm{m/s}〕, \qquad x(0) = 0 \quad \mathrm{m}$$

なので，

$$v_x(t) = v_0 \cos\theta \quad 〔\mathrm{m/s}〕, \qquad x(t) = v_0 t \cos\theta \quad 〔\mathrm{m}〕 \tag{4.11}$$

となり，速さ $v_0 \cos\theta$ の **等速運動** となる．

最後に z 方向を考えると，

$$\frac{\mathrm{d}^2 x}{\mathrm{d}t^2} = -g \quad 〔\mathrm{m/s^2}〕 \tag{4.12}$$

ここで初期条件は，

$$v_z(0) = v_0 \sin\theta \quad 〔\mathrm{m/s}〕, \qquad z(0) = z_0 \quad 〔\mathrm{m}〕$$

なので，

$$v_z(t) = -gt + v_0 \sin\theta \quad 〔\mathrm{m/s}〕, \qquad z(t) = -\frac{1}{2}gt^2 + v_0 t \sin\theta + z_0 \quad 〔\mathrm{m}〕 \tag{4.13}$$

となる．これは加速度の大きさが $-g$ の **等加速度運動** である．

全成分をまとめてベクトルで書けば，

$$\vec{v}(t) = (v_0 \cos\theta, 0, -gt + v_0 \sin\theta) \quad 〔\mathrm{m/s}〕 \tag{4.14}$$

$$\vec{r}(t) = (v_0 t \cos\theta, 0, -\frac{1}{2}gt^2 + v_0 t \sin\theta + z_0) \quad 〔\mathrm{m}〕 \tag{4.15}$$

最後にこの運動の経路（軌跡）を求める．t を消去して x と z の関係を求めればよいので，$x(t) = v_0 t \cos\theta$ より，

$$t = \frac{x}{v_0 \cos\theta} \quad 〔\mathrm{s}〕$$

したがって，

$$\begin{aligned} z &= -\frac{1}{2}g\left(\frac{x}{v_0 \cos\theta}\right)^2 + v_0 \frac{x}{v_0 \cos\theta}\sin\theta + z_0 \\ &= -\frac{1}{2}\frac{g}{v_0^2 \cos^2\theta}x^2 + \tan\theta \cdot x + z_0 \quad 〔\mathrm{m}〕 \end{aligned} \tag{4.16}$$

という二次曲線となる．このため，二次曲線のことをよく **放物線** と表現する．

例題 4-2　質点を地上から初速 v_0〔m/s〕で投げて，落下が最も遠くなるときの到達距離を求めよ．

解　図 4.4 のように地上から角度 θ〔rad〕の方向に投げるとすると，(4.16) 式で $z_0 = 0$ m とおけば，

$$z = -\frac{1}{2}\frac{g}{v_0^2 \cos^2\theta}x^2 + \tan\theta \cdot x \quad 〔\mathrm{m}〕$$

ここで落下地点は，$z = 0$ で $x \neq 0$ m なので，

$$-\frac{1}{2}\frac{g}{v_0^2 \cos^2\theta}x + \tan\theta = 0$$

$$\therefore \quad \frac{2v_0^2}{g}\sin\theta\cos\theta = \frac{v_0^2}{g}\sin 2\theta$$

となる．ここで，三角関数の2倍角の公式を用いた．したがって，最大の x は $\sin 2\theta = 1$ すなわち $\theta = \dfrac{\pi}{4}$ で，

$$x = \frac{v_0^2}{g} \quad 〔\mathrm{m}〕$$

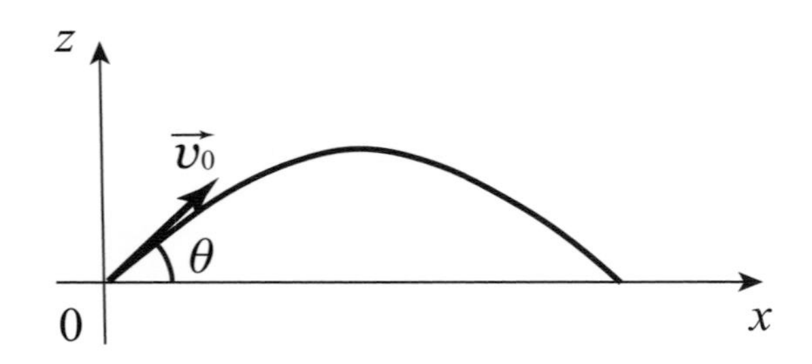

図 4.4: 地上から角度 θ の方向に投げた質点の運動

4.2　単振動

物体が力を受けて往復する振動運動も，よく自然界で見かける．例えば,「ばね」につながれたおもりや，ひもでつり下げられた振り子がそれにあたる．

ばねにつないだおもりの運動

図4.5のように，滑らかな床の上にばねにつないだおもりが置かれ，他端は床に固定されている．ばねが自然の長さのときのおもりの位置を原点Oとして，ばねが伸びる方向に x 軸をとる．おもりを x〔m〕の位置まで引くと，ばねはおもりを元の位置に引き戻す **ばねの弾性力** が作用する．逆にばねが縮む方向に押せば，力は押し戻す方向に作用する．これを **復元力** と呼び，その力は **フックの法則** により，

$$F = -kx \quad 〔\mathrm{N}〕 \tag{4.17}$$

と表すことができる．ここで，k〔N/m〕は **ばね定数** と呼ばれ，そのばねに特有な大きさを持つ．

したがって，このおもりの運動方程式は，おもりの質量を m〔kg〕とすれば，

$$m\frac{\mathrm{d}^2 x}{\mathrm{d}t^2} = -kx \tag{4.18}$$

である．この運動方程式は，x を2回微分すれば元の関数形に戻ればよいことがわかる．このような関数は既に (2.35) 式のように，$\sin \omega t$ および $\cos \omega t$ がそうなることを知って

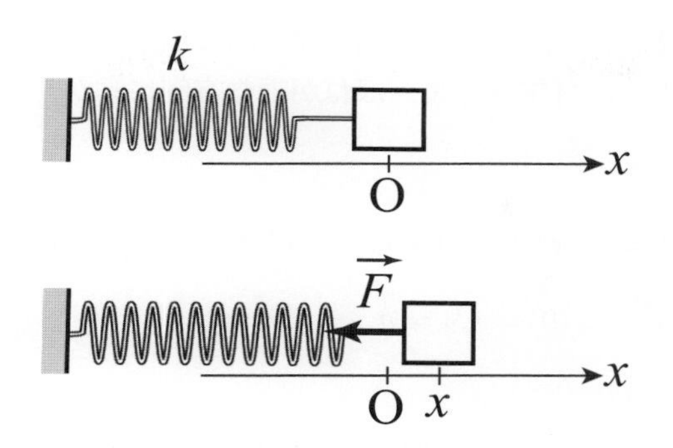

図 4.5: ばねにつないだおもりに作用する復元力

いる．すなわち，

$$\frac{\mathrm{d}^2}{\mathrm{d}t^2}(\sin\omega t) = -\omega^2 \sin\omega t, \qquad \frac{\mathrm{d}^2}{\mathrm{d}t^2}(\cos\omega t) = -\omega^2 \cos\omega t$$

であるので，

$$\omega = \sqrt{\frac{k}{m}} \tag{4.19}$$

とすれば，両方とも解（**特殊解**）となる．すなわち，

$$x = C_1 \sin\omega t + C_2 \cos\omega t \tag{4.20}$$

と線型結合すれば，これを **一般解** とすることができる．ただし，C_1 および C_2 は定数である．

実際の運動は，初期条件などから 2 つの定数を決定する必要がある．例えば，$t = 0$ s のとき $x(0) = x_0$〔m〕，$v(0) = v_0$〔m/s〕とすれば，

$$v(t) = \omega C_1 \cos\omega t - \omega C_2 \sin\omega t \tag{4.21}$$

なので，

$$x(0) = C_2 = x_0, \qquad \therefore \quad C_2 = x_0$$
$$v(0) = \omega C_1 = v_0, \qquad \therefore \quad C_1 = \frac{v_0}{\omega}$$

となり，

$$x(t) = \frac{v_0}{\omega}\sin\omega t + x_0 \cos\omega t$$

と一意的に決定することができる．

例題 4-3　おもりが動き始めた時刻を $t = 0$ s として，以下の各場合についておもりの

運動を表す式を求めよ．(1) おもりを a〔m〕だけ引いてから静かに放す．(2) 自然の長さの位置にあったおもりに打撃を与え，ばねが縮む方向に動かすと，ばねは最大 b〔m〕だけ縮んだ．

解

(1) 初期条件は，$x(0) = a$，$v(0) = 0$ なので，(4.20)，(4.21) 式よりそれぞれ，

$$x(0) = C_2 = a, \quad v(0) = \omega C_1 = 0$$

となるので，

$$x(t) = a\cos\omega t$$

(2) 初期条件は，$x(0) = 0$ なので，(4.20) 式より，

$$x(t) = C_1 \sin\omega t$$

となる．最も縮んだ点で $-b$，および $v(0) < 0$ なので，

$$x(t) = -b\sin\omega t$$

単振動とそのいろいろなパラメータ

位置の時間変化が sin や cos の三角関数で表すことにできる振動運動を **単振動** あるいは調和振動という．(4.19) 式で，ω は振動の速さを決める定数で **角振動数** という．また，初期条件に関係なく運動方程式から決まり，その振動に固有なものであることから **固有角振動数** ということもある．ωt が 2π 進むごとに振動は 1 往復するので，

$$T = \frac{2\pi}{\omega} \quad 〔\mathrm{s}〕 \tag{4.22}$$

を振動の **周期** という．また単位時間で起こる振動の回数は，

$$f = \frac{1}{T} = \frac{\omega}{2\pi} \quad 〔\mathrm{s}^{-1}〕 \tag{4.23}$$

であり，これを **振動数** あるいは **固有振動数** という．

さて (4.20) 式は，

$$x = A\sin(\omega t + \phi_0) \tag{4.24}$$

のように 1 つの三角関数にまとめることができる．この式は，

$$x = A\cos\phi_0 \sin\omega t + A\sin\phi_0 \cos\omega t$$

と分けることができるので，

$$C_1 = A\cos\phi_0, \quad C_2 = A\sin\phi_0, \quad \phi_0 = \tan^{-1}\left(\frac{C_2}{C_1}\right) \tag{4.25}$$

すなわち，図 4.6 より，A はおもりが最も大きく振動する位置を示し，**振幅** という．また，$\omega t + \phi_0$ のように三角関数の変数の部分を **位相** というが，ϕ_0 は $t = 0$ s のときの位相なので，**初期位相** という．

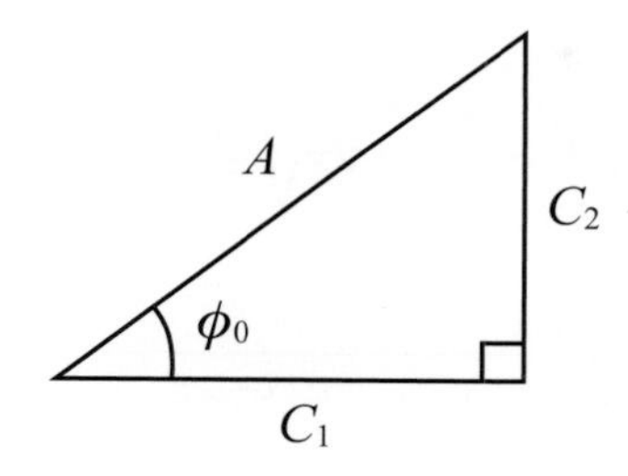

図 4.6: 単振動のパラメータ間の関係

例題 4-4　図 4.7 のように，ばね定数 k〔N/m〕のばねの一端を天井に固定し，他端に質量 m〔kg〕のおもりをつけて鉛直につるした．このおもりを上下に振動させたときの周期 T〔s〕を求めよ．

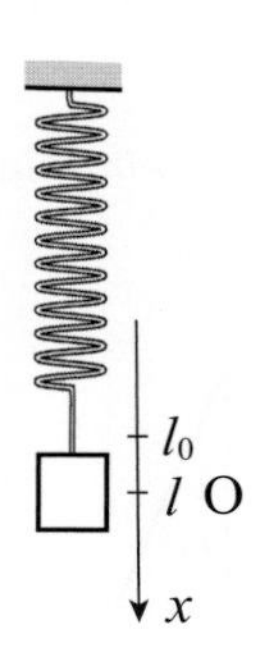

図 4.7: おもりをつるしたばねの運動

解　ばねの自然長を l_0〔m〕，つり下げたつりあいの状態での長さを l〔m〕とすれば，力のつりあいの関係より，

$$mg = k(l - l_0)$$

この位置を原点 O として，下向きに x 軸をとる．おもりが移動したとすれば，このときにおもりに作用する力 f〔N〕は，

$$f = mg - k(l + x - l_0) = k(l - l_0) - k(l + x - l_0) = -kx$$

したがって，おもりの運動方程式は，

$$m\frac{\mathrm{d}^2 x}{\mathrm{d}t^2} = -kx$$

となり，水平床上の運動方程式と同じである．これより固有角振動数は，

$$\omega = \sqrt{\frac{k}{m}} \quad 〔\mathrm{rad/s}〕$$

となり，周期は，

$$T = \frac{2\pi}{\omega} = 2\pi\sqrt{\frac{m}{k}} \quad 〔\mathrm{s}〕$$

である．

振り子の運動

図4.8のように，質量 m〔kg〕のおもりを長さ l〔m〕のひもでつるし，横に振動させた．ひもの角度が θ〔rad〕となったときの復元力 F〔N〕は重力の鉛直方向の成分より，重力加速度の大きさを g〔m/s^2〕とすれば，

$$F = -mg\sin\theta$$

となる．特殊な選び方ではあるが，図のように円弧の方向に x 軸をとれば，$\theta = \dfrac{x}{l}$ となるので，運動方程式は，

$$m\frac{\mathrm{d}^2 x}{\mathrm{d}t^2} = -mg\sin\left(\frac{x}{l}\right) \tag{4.26}$$

と書ける．

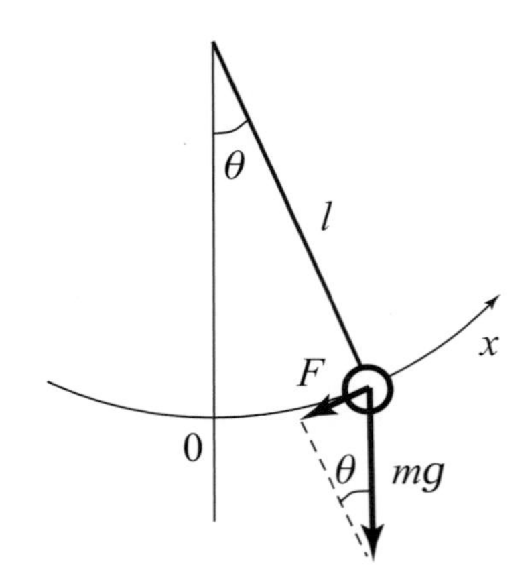

図 4.8: 振り子の運動

ここで，振動が微小 $\dfrac{|x|}{l} \ll 1$ とすると $\sin\left(\dfrac{x}{l}\right) = \dfrac{x}{l}$ なので，

$$\frac{\mathrm{d}^2 x}{\mathrm{d}t^2} = -\frac{g}{l}x$$

となり，その解は，以前求めた単振動の解

$$x = A\sin(\omega t + \phi_0)$$

となる．ここで，この振動の固有角振動数は $\omega = \sqrt{\frac{g}{l}}$，周期は $T = 2\pi\sqrt{\frac{l}{g}}$ である．

例題 4-5　ある微小振動する振り子の周期を火星上で測定すれば地球上の何倍になるか．ただし，火星の半径は地球の 0.53 倍，質量は 0.11 倍であるとする．

解　地球の半径を R〔m〕，質量を M〔kg〕および重力加速度の大きさを g〔m/s^2〕とし，万有引力定数を G〔Nm^2/kg^2〕とすれば，(1-12) 式より，

$$g = \frac{GM}{R^2}$$

である．火星上の重力加速度の大きさを g'〔m/s^2〕とすれば，

$$g' = \frac{G(0.11M)}{(0.53R)^2} = 0.392\frac{GM}{R^2} = 0.392g$$

地球および火星上の振り子の周期をそれぞれ T〔s〕，T'〔s〕とすれば，

$$\frac{T'}{T} = \frac{2\pi\sqrt{\frac{l}{g'}}}{2\pi\sqrt{\frac{l}{g}}} = \sqrt{\frac{g}{g'}} = \sqrt{\frac{1}{0.392}} = 1.6$$

4.3 等速円運動

等速円運動では，速さは一定なのであるが，その方向は時刻によって変化するので加速度が加わることは以前 2-3 節で学修した．このときに加わる力も運動方程式から簡単に求めることができる．

等速円運動と力

2-3 節で述べたように，質点が等速円運動すると，質点には一定の大きさの加速度 $\vec{a}$〔m/s^2〕が円の中心に向かっていることを示した．このような運動を起こす力を $\vec{F}$〔N〕，質点の質量を m〔kg〕とすれば，運動方程式は $m\vec{a} = \vec{F}$ なので，図 4.9 に示すように $\vec{F}$ も円の中心を向いている．これを **向心力** という．a が一定の大きさなので，F も一定の大きさである．2-3 節で示したように，円の半径は r〔m〕，速さを v〔m/s〕，角速度を ω〔rad/s〕とすれば，a は，

$$a = r\omega^2 = \frac{v^2}{r}$$

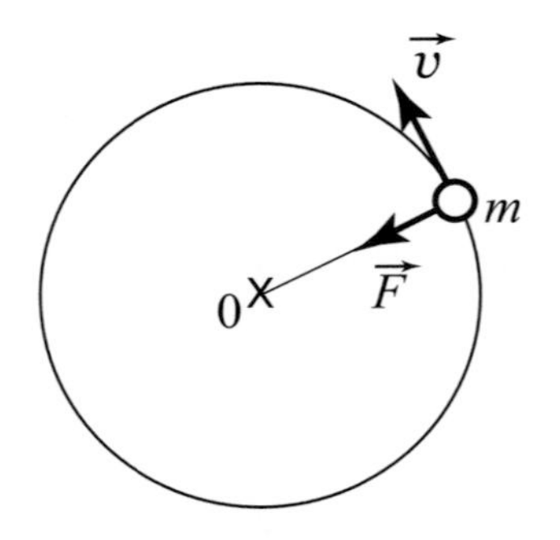

図 4.9: 等速円運動と向心力

であるので，

$$F = ma = mr\omega^2 = \frac{mv^2}{r} \quad 〔\mathrm{N}〕 \tag{4.27}$$

である．

例題 4-6　図 4.10(a) のように，長さ l〔m〕のひもの一端を固定し，他端におもりをつないで水平な面内を等速円運動させた．その周期が T〔s〕のときの，ひもと鉛直方向の間の角度 θ〔rad〕を求めよ．

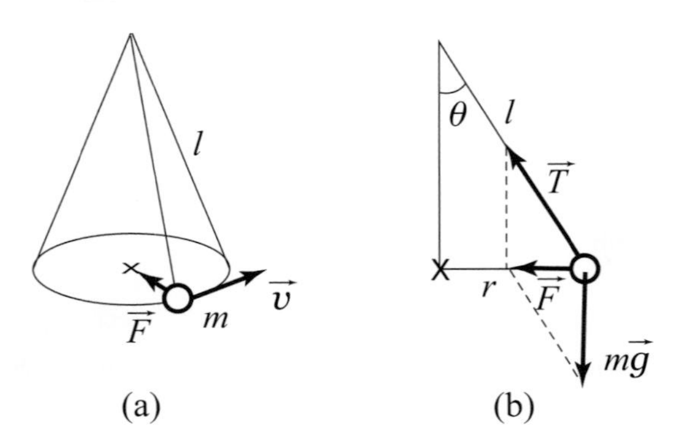

図 4.10: 円振り子の運動と向心力

解　図 4.10(b) に示すように，重力とひもの張力の合力 $\vec{F}$〔N〕が向心力となっているので，

$$F = mg\tan\theta \quad 〔\mathrm{N}〕$$

となる．ここで g〔m/s^2〕は重力加速度の大きさである．また，円運動の半径は $l\sin\theta$〔m〕であるので，ω〔rad/s〕を角速度とすれば，運動方程式より，

$$ml\sin\theta\cdot\omega^2 = mg\tan\theta$$

となるので，

$$\omega = \sqrt{\frac{g}{l\cos\theta}} \quad 〔\mathrm{rad/s}〕$$

となる．したがって，

$$\begin{aligned} T &= \frac{2\pi}{\omega} = 2\pi\sqrt{\frac{l\cos\theta}{g}} \\ \cos\theta &= \frac{gT^2}{4\pi^2 l} \\ \therefore \quad \theta &= \cos^{-1}\left(\frac{gT^2}{4\pi^2 l}\right) \quad 〔\mathrm{rad}〕 \end{aligned}$$

惑星の運動

太陽系には，地球を含めて 8 個の惑星が存在し，そのほとんどが太陽を中心とした等速円運動に近い運動をほぼ同一平面内でしている.「惑星」の語源はギリシャ語の「さまよう者」の意味で，それらの惑星が時期によって，西から東に動いたり，逆に動いたり，しばらく動かなかったりするためであったが，地球も惑星の 1 つであることがわかると，全ての惑星の運動が上記のようなほぼ円運動であることが理解された.

さて，太陽と惑星との間に作用する力は，万有引力だけである．太陽の質量を M〔kg〕，惑星の質量を m〔kg〕，惑星の公転の半径を R〔m〕，万有引力定数を G〔$\mathrm{Nm^2/kg^2}$〕とすれば，その大きさは，

$$F = G\frac{Mm}{R^2} \quad 〔\mathrm{N}〕$$

である．惑星が公転する速さを v〔m/s〕とすれば，運動方程式より，

$$m\frac{v^2}{R} = G\frac{Mm}{R^2} \tag{4.28}$$

したがって，

$$v = \sqrt{\frac{GM}{R}} \tag{4.29}$$

となる．

ここで，惑星が太陽のまわりを一周する周期を T〔s〕とすれば，

$$v = \frac{2\pi R}{T} \tag{4.30}$$

なので，(4.29) 式と比較すれば，

$$\frac{R^3}{T^2} = \frac{GM}{4\pi^2} \tag{4.31}$$

となり，右辺はどの惑星でも一定となる．T^2 と R^3 の比が一定の関係は，ニュートンが運動の法則を提唱する以前に，ドイツの天文学者ヨハネス・ケプラー（1571-1630）が惑星運動の詳細な観測だけから，**ケプラーの第三法則** として見出していたのは驚くべきことである.

4.4 抵抗力を受ける質点の運動

地上の現実の物体の運動を考えるとき，その運動を妨害する抵抗力について，物理的に捉えることは重要である．ここでは，質点が粗い床上を動くときに作用する動摩擦力，および空気中を動くときに作用する抵抗力について，簡単な力学的表現を行う．

動摩擦力

床の上を物体が動けば，床から物体に摩擦力，すなわち**動摩擦力**が働く．1-4 節で述べたが，この動摩擦力は物体が止まっているときの最大静止摩擦力よりかなり小さい．動摩擦力の大きさは，物体が床から受ける垂直抗力に比例すると考えてよい．すなわち，摩擦力の大きさを f'〔N〕，垂直抗力の大きさを N〔N〕とすれば，

$$f' = \mu' N \tag{4.32}$$

と表すことができる．ここで μ' は動摩擦係数である．

これは一定の大きさの力で，働く力がこれだけであるとすれば，物体は等加速度運動をすることになる．例えば，図 4.11 のように，水平の床の上で，$t = 0$ s で v_0〔m/s〕であった物体の t〔s〕後の速度は，

$$v(t) = v_0 - \frac{f'}{m}t = v_0 - \mu' g t \tag{4.33}$$

と表すことができる．ここでは物体の質量を m〔kg〕としたときの，一般的な $N = mg$ の関係を用い，g〔m/s^2〕は重力加速度の大きさである．

例題 4-7　床の上に置いた物体を初速 3.0 m/s で滑らせたときの，止まるまでの距離を求めよ．ただし動摩擦係数を 0.30 とする．

解　(4.33) 式より，

$$v(t) = 3.0 - 0.30 \times 9.8 \times t = 3.0 - 2.94t \quad 〔\mathrm{m/s}〕$$

となるので，静止する時刻は，

$$t = \frac{3.0}{2.94} = 1.02 \quad \mathrm{s}$$

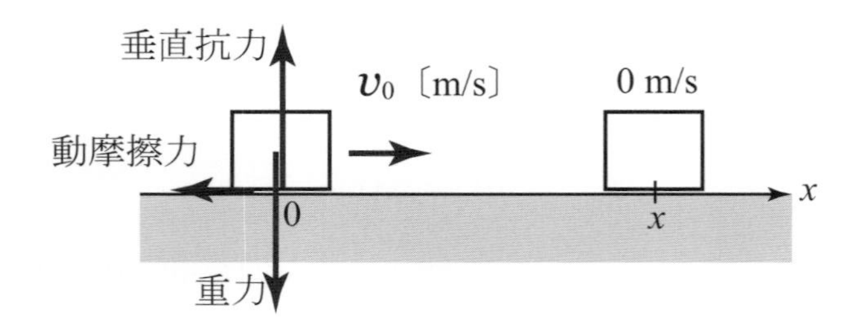

図 4.11: 動摩擦力と物体の運動

である．物体の位置を表す式を求め，この値を代入すれば，

$$x = 3.0t - \frac{2.94}{2}t^2 = 3.0 \times 1.02 - 1.47 \times 1.02^2 = 1.5 \quad \mathrm{m}$$

空気の抵抗力

ビルの上から小さな工具を落とすと，運悪く当たってしまった人は死にいたる重大な事故となる．しかし，それよりもはるかに高い空の上から降ってくる雨滴に当たっても，人は怪我すらしない．もちろん雨滴の質量が小さいこともあるが，それ以上に，雨滴の落ちる速さが空気の抵抗を受けて速くならないことがその理由である．

空気の抵抗力 の大きさは，物体の形とともにその速さによって決まる．その大きさは，通常は速さに比例するとされている．例として，雨滴のように空気中を落下する物体の運動を考える．図 4.12 のように，鉛直下向きに x 軸をとり，質量が m〔kg〕，速さ v〔m/s〕の物体に対する空気の抵抗力の比例係数を η〔Ns/m〕とすれば，運動方程式は，

$$m\frac{\mathrm{d}v}{\mathrm{d}t} = mg - \eta v \tag{4.34}$$

と書くことができる．したがって，

$$\frac{\mathrm{d}v}{\mathrm{d}t} = g - \frac{\eta}{m}v = \frac{\eta}{m}\left(\frac{m}{\eta}g - v\right)$$

である．ここで，$X = \frac{m}{\eta}g - v$ と変数変換すると，$v = \frac{m}{\eta}g - X$ なので，

$$\frac{\mathrm{d}v}{\mathrm{d}t} = -\frac{\mathrm{d}X}{\mathrm{d}t} = \frac{\eta}{m}X$$

$$\therefore \quad \frac{\mathrm{d}X}{\mathrm{d}t} = -\frac{\eta}{m}X \tag{4.35}$$

である．

この式は一回微分しても元の関数形を保つことを示しており，数学的には，$y = e^x$ がそれに対応する．これを使って $y = Ae^{\alpha x}$ の微分をとれば，$\frac{\mathrm{d}y}{\mathrm{d}x} = A\alpha e^{\alpha x} = \alpha y$ となるので，これを (4.35) 式に対応させるには，$\alpha = -\frac{\eta}{m}$ とすればよい．したがって，(4.35) 式の解は，

$$X = Ae^{-\frac{\eta}{m}t}$$

で，元の v に戻せば，

$$v(t) = \frac{m}{\eta}g - Ae^{-\frac{\eta}{m}t} \quad \text{〔m/s〕}$$

となる．物体を静かに落下させるとすれば，初期値として，$v(0) = 0$ m/s とすればよいので，

$$v(0) = \frac{m}{\eta}g - A = 0$$

$$\therefore \quad A = \frac{m}{\eta}g$$

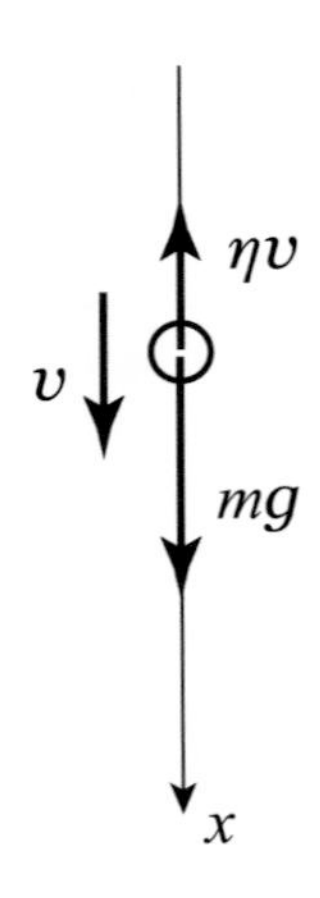

図 4.12: 空気の抵抗力を受けた物体の落下運動

なので,

$$v(t) = \frac{m}{\eta} g \left(1 - e^{-\frac{\eta}{m}t}\right) \quad 〔\mathrm{m/s}〕 \tag{4.36}$$

となる．

ここで，$t \to \infty$ となったときの速度を **終端速度** と呼ぶが，(4.36) 式より終端速度の大きさは,

$$v(\infty) = \frac{m}{\eta} g \quad 〔\mathrm{m/s}〕 \tag{4.37}$$

となる．高校物理の教科書では，(4.34) 式の運動方程式より，$t \to \infty$ で $\frac{\mathrm{d}v}{\mathrm{d}t} = 0$ となることを利用して，$0 = mg - \eta v$ より $v(\infty) = \frac{m}{\eta} g$ としているが，ここではそこに至るまでの経緯を正確に表現できている．

例題 4-8　図 4.13 のように，空気中で質量 m 〔kg〕の質点を水平方向に初速 v_0 〔m/s〕で投げた．質点の速度のその後の時間変化 $\vec{v}(t)$ 〔m/s〕およびその終端速度 $\vec{v}(\infty)$ 〔m/s〕を求めよ．ただし，質点には空気の抵抗力 $\vec{f} = -\eta \vec{v}$ 〔N〕が作用し，重力加速度の大きさを g 〔m/s^2〕とする．

解　図 4.13 のように，質点を投げる方向に x 軸，鉛直下向きに y 軸をとる．運動方程式の各成分は,

$$m\frac{\mathrm{d}v_x}{\mathrm{d}t} = -\eta v_x \tag{4.38}$$

$$m\frac{\mathrm{d}v_y}{\mathrm{d}t} = mg - \eta v_y \tag{4.39}$$

と書ける．ここで初速度は，$\vec{v}(0) = (v_0, 0)$ である．(4.38) 式より，$\frac{\mathrm{d}v_x}{\mathrm{d}t} = -\frac{\eta}{m} v_x$ とな

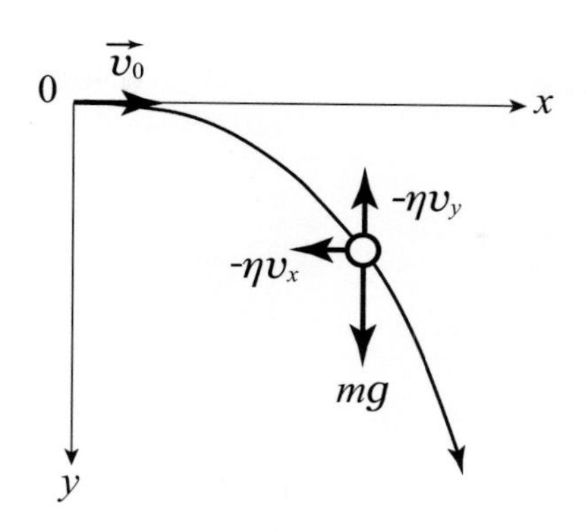

図 4.13: 空気の抵抗力を受けた物体の斜め落下運動

るので，

$$v_x(t) = Ae^{-\frac{\eta}{m}t}$$

$v_x(0) = A = v_0$ なので，

$$v_x(t) = v_0 e^{-\frac{\eta}{m}t} \quad \text{〔m/s〕} \tag{4.40}$$

である．(4.39) 式はすでに解かれていて，

$$v_y(t) = \frac{m}{\eta}g\left(1 - e^{-\frac{\eta}{m}t}\right) \quad \text{〔m/s〕} \tag{4.41}$$

である．$\vec{v}(\infty)$ はこれらの解の $t \to \infty$ を計算すれば，

$$\vec{v}(\infty) = (0,\ \frac{m}{\eta}g) \quad \text{〔m/s〕}$$

となる．

第5章　力学的エネルギー

これまで学修してきた運動の法則を背後で支える根本的な物理量として，エネルギーをあげることができる．よく知られるようにエネルギーは保存するが，その現れる形は，運動エネルギーと位置エネルギーを合わせた力学的エネルギーと，熱エネルギー，電気エネルギー，化学エネルギーなどのそれ以外のエネルギーとに分けることができる．この章では，力学的エネルギーについて詳しく解説した後，その保存と散逸を考える．

5.1　仕事

力学的エネルギーを考えるときに基本となるのは，**仕事** の概念である．

仕事の定義

まず，物理学的な意味での，仕事を定義する．図5.1のように，ある物体に力 F〔N〕を作用させて，**力の向きに** s〔m〕だけ変位させたとき，**力が質点に対して，**

$$W = Fs \quad \text{〔Nm〕} \tag{5.1}$$

の仕事をしたという．

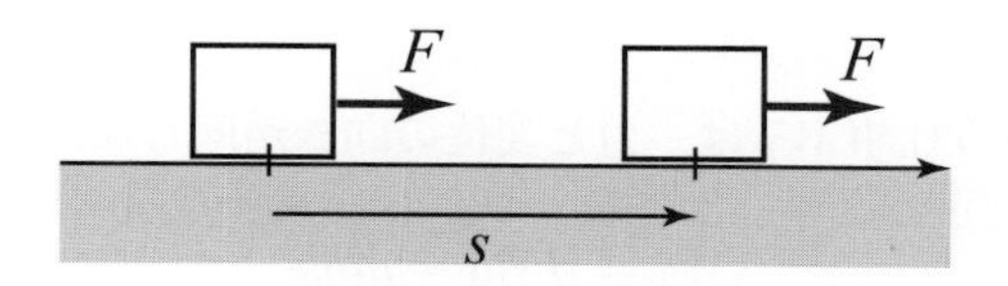

図 5.1: 力のする仕事

一般的な意味の仕事と異なるのは，いくら力を出しても変位 $s = 0$ であれば仕事 $W = 0$ となる．それどころか，図5.2のように，いくら力を出しても逆の方向に物体が変位すれば，

$$W = -Fs \quad \text{〔Nm〕} \tag{5.2}$$

となり，仕事 W は負となる．その典型的な例は，物体が動く方向とは必ず反対方向に作用する摩擦力や空気の抵抗力である．

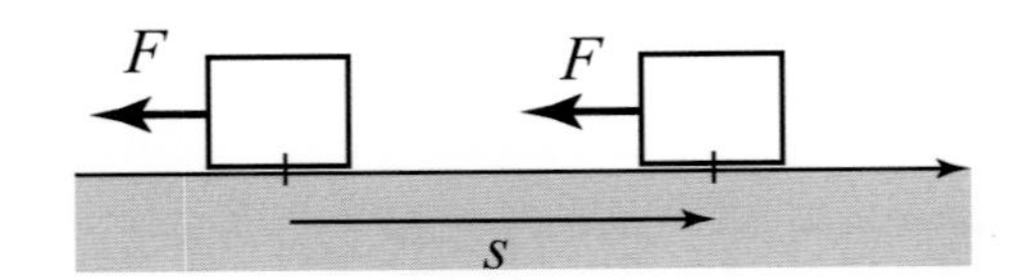

図 5.2: 力と変位方向が逆の場合

図 5.3 のように質量 m〔kg〕の物体を，ひもで地上から高さ h〔m〕まで持ち上げるときの，ひもの張力と重力が行う仕事についてそれぞれ考える．張力と重力はほぼつりあっているので，その大きさはいずれも mg〔N〕と考えてよい．また，物体の変位は，上向きに h である．したがって，力と変位の向きは異なる．

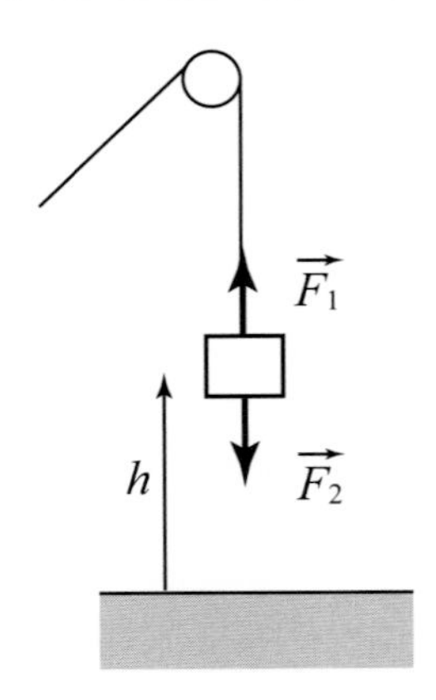

図 5.3: 物体をひもで持ち上げるときの，ひもの張力と重力が行う仕事

まず，張力 F_1 の行う仕事 W_1 は，力と変位の向きが同じなので，

$$W_1 = |F_1|h = mgh \tag{5.3}$$

である．また，重力 F_2 の行う仕事 W_2 は，力と変位の向きが逆になっているので，

$$W_2 = -|F_2|h = -mgh \tag{5.4}$$

となる．

例題 5-1　図 5.4 のように，摩擦のある床の上をゆっくりと質量 m〔kg〕の物体を，床面に平行な力 F〔N〕で s〔m〕だけ引きずった．動摩擦係数を μ' として，引く力 F が行う仕事 W_1〔J〕および摩擦力 f〔N〕が行う仕事 W_2〔J〕をそれぞれ求めよ．ただし，重力加速度の大きさを g〔m/s^2〕とする．

解　まず，F と f の大きさはいずれも $\mu' mg$〔N〕である．ここで，F と s の方向は同じなので，W_1 は，

$$W_1 = Fs = \mu' mgs$$

f と s の方向は逆なので，W_2 は，

$$W_2 = -|f|s = -\mu' mgs$$

と表すことができる．

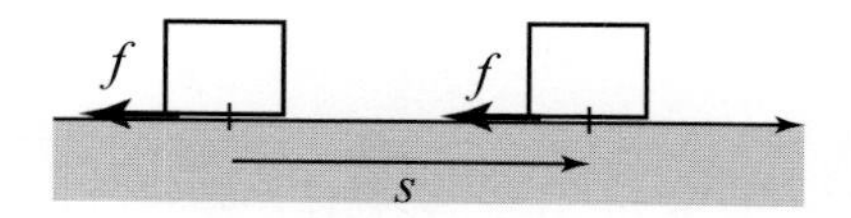

図 5.4: 摩擦のある床上で物体を引きずるときの，引く力と摩擦力が行う仕事

仕事の単位

仕事は力と変位の積なので，その単位は〔Nm〕である．これを熱の仕事当量の値を明らかにするなど，熱力学の発展に重要な寄与をしたイギリスの物理学者ジェームズ・プレスコット・ジュールに因み，**ジュール**〔J〕と呼ぶ．したがって，仕事の単位は，

$$1\ \mathrm{J} = 1\ \mathrm{Nm} = 1\ \mathrm{kgm^2/s^2} \tag{5.5}$$

である．

力と変位が平行でないとき

三次元的な環境では一般的に，力と変位の方向は平行とは限らない．例えば図 5.5 のように，力 $\vec{F}$〔N〕と変位 $\vec{s}$〔m〕の方向が角度 θ〔rad〕だけ異なっていたとする．このとき図のように，$\vec{F}$ を $\vec{s}$ と平行なもの $\vec{F}_{\parallel}$ と，垂直なもの $\vec{F}_{\perp}$ の合力と考えることができる．あるいは，$\vec{F}$ を $\vec{F}_{\parallel}$ と $\vec{F}_{\perp}$ に分割できる．このとき，$\vec{F}_{\parallel}$ はこの仕事を 100%行い，$\vec{F}_{\perp}$ は全く仕事をしないと考えることができる．$F_{\parallel} = F\cos\theta$ なので，$\vec{F}$ が行う仕事 W〔J〕は，

$$W = F_{\parallel}s = Fs\cos\theta \tag{5.6}$$

この表式は，以前に述べた力と変位の互いの向きが同じ，垂直あるいは逆のときの結果ともちろん一致している．すなわち，$\theta = 0$，$\dfrac{\pi}{4}$，$\dfrac{\pi}{2}$ の場合を計算すれば，

$$W = Fs\cos\theta = Fs,\quad 0,\quad -Fs \qquad〔\mathrm{J}〕$$

となり，(5.1) や (5.2) 式など以前求めた値と一致する．

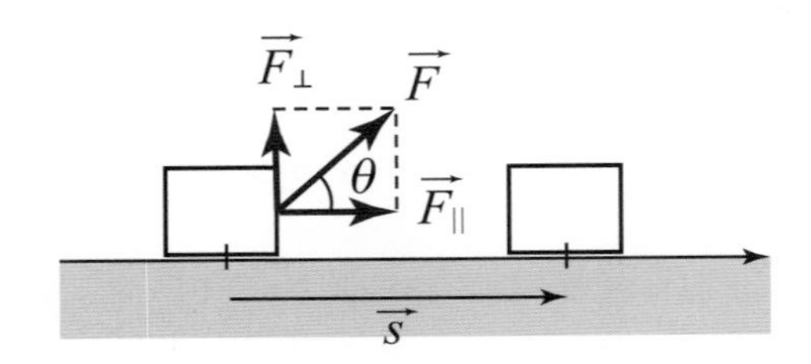

図 5.5: 力と変位の方向が平行でないときに行う仕事

例題 5-2　図 5.6 のように，質量 m〔kg〕の物体が傾斜角 α〔rad〕の斜面上を，初めの位置より高さが h〔m〕だけ低い地点まで降りてきた．このときに重力が行う仕事 W〔J〕を求めよ．

解　変位の距離を s〔m〕とすれば，重力の大きさは mg〔N〕なので，

$$W = mgs\cos\left(\frac{\pi}{2} - \alpha\right) = mgs\sin\alpha$$

であるが，$s\sin\alpha = h$ なので，

$$W = mgh \quad 〔\mathrm{J}〕$$

となる．なお，この値は α には依存しない．

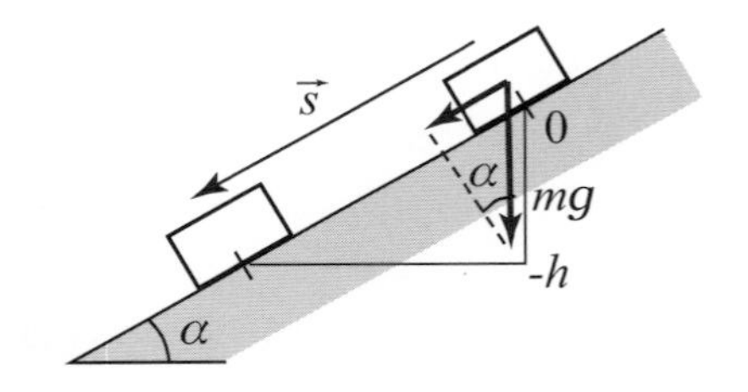

図 5.6: 斜面を降下する物体に重力が行う仕事

ベクトルの内積

仕事は，力と変位の 2 つのベクトルの，大きさにも互いの方向にも関係する積の結果と考えることができる．数学には **ベクトルの内積** と呼ぶ表現法がある．あるいは積の結果がスカラー量なので，**スカラー積** ともいう．ベクトル $\vec{A}$ と $\vec{B}$ があり，その間の角度を θ としたとき，内積は，

$$\vec{A}\cdot\vec{B} = AB\cos\theta \tag{5.7}$$

となる．図 5.7 にその考え方を示す．$\vec{B}$ を，$\vec{A}$ に平行な方向の $\vec{B}_{\parallel}$ とそれに垂直な $\vec{B}_{\perp}$ に分割する．内積は，$\vec{A}$ の大きさ A と $\vec{B}_{\parallel}$ の大きさ $B\cos\theta$ の積である $AB\cos\theta$ に対応する．

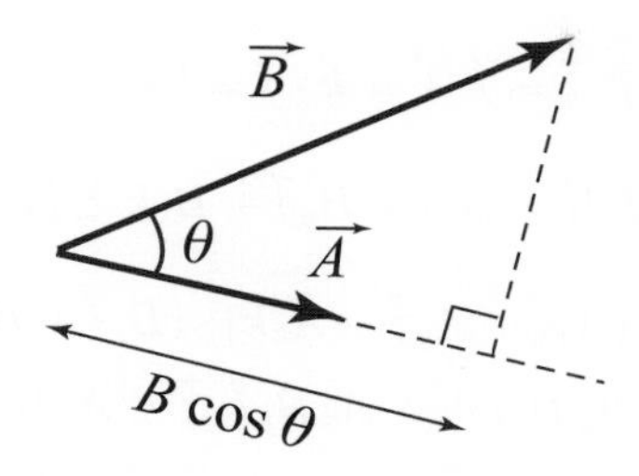

図 5.7: 内積の考え方

内積にはいろいろな性質がある．

(1) 同じものの内積

$$\vec{A}\cdot\vec{A} = AA\cos 0 = A^2 \tag{5.8}$$

(2) 交換則

$$\vec{A}\cdot\vec{B} = \vec{B}\cdot\vec{A}\ (= AB\cos\theta) \tag{5.9}$$

(3) 分配則

$$\vec{A}\cdot(\vec{B}+\vec{C}) = \vec{A}\cdot\vec{B} + \vec{A}\cdot\vec{C} \tag{5.10}$$

(4) 成分表示

$$\vec{A}\cdot\vec{B} = A_xB_x + A_yB_y + A_zB_z \tag{5.11}$$

証明　図 5.8 のように x，y，z 軸方向の基本ベクトル（大きさが 1 のベクトル）を $\vec{i}$，$\vec{j}$，$\vec{k}$ とする．

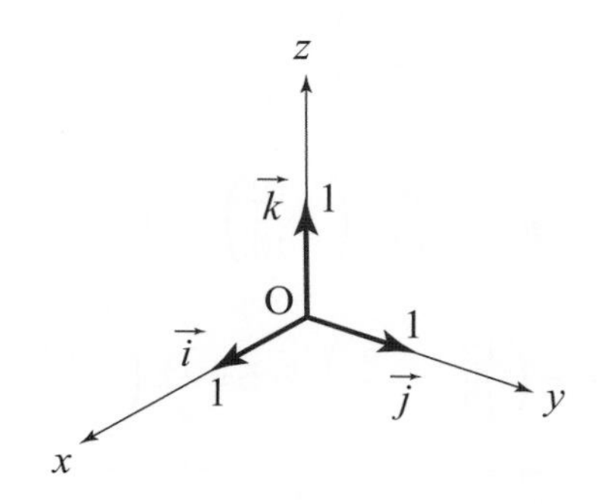

図 5.8: 直交座標系の基本ベクトル

(5.8) 式より,

$$\vec{i}\cdot\vec{i}=\vec{j}\cdot\vec{j}=\vec{k}\cdot\vec{k}=1$$

また，単位ベクトルの方向はそれぞれ直交しているので,

$$\vec{i}\cdot\vec{j}=\vec{j}\cdot\vec{i}=\vec{j}\cdot\vec{k}=\vec{k}\cdot\vec{j}=\vec{k}\cdot\vec{i}=\vec{i}\cdot\vec{k}=0$$

$\vec{A}=A_x\vec{i}+A_y\vec{j}+A_z\vec{k}$ および $\vec{B}=B_x\vec{i}+B_y\vec{j}+B_z\vec{k}$ と書けるので,

$$\begin{aligned}\vec{A}\cdot\vec{B} &= (A_x\vec{i}+A_y\vec{j}+A_z\vec{k})\cdot(B_x\vec{i}+B_y\vec{j}+B_z\vec{k})\\ &= A_xB_x\vec{i}\cdot\vec{i}+A_xB_y\vec{i}\cdot\vec{j}+A_xB_z\vec{i}\cdot\vec{k}\\ &\quad +A_yB_x\vec{j}\cdot\vec{i}+A_yB_y\vec{j}\cdot\vec{j}+A_yB_z\vec{j}\cdot\vec{k}\\ &\quad +A_zB_x\vec{k}\cdot\vec{i}+A_zB_y\vec{k}\cdot\vec{j}+A_zB_z\vec{k}\cdot\vec{k}\\ &= A_xB_x+A_yB_y+A_zB_z\end{aligned}$$

例題 5-3　xy 平面内に二次元ベクトル $\vec{A}=(5,12)$ がある．同じ平面内で $\vec{A}$ に直交する長さ 1 のベクトルを求めよ．

解　直交するベクトルを $\vec{B}=(x,y)$ とすれば，長さが 1 なので,

$$x^2+y^2=1 \tag{5.12}$$

$\vec{A}$ と $\vec{B}$ は直交するので,

$$\vec{A}\cdot\vec{B}=5x+12y=0 \tag{5.13}$$

(5.13) 式より，$y=-\dfrac{5}{12}x$ なので，(5.12) 式に代入すれば,

$$x^2+\left(-\frac{5}{12}x\right)^2=\left(\frac{13}{12}\right)^2x^2=1$$
$$\therefore\quad x=\pm\frac{12}{13}$$

これより,

$$y=-\frac{5}{12}\cdot\left(\pm\frac{12}{13}\right)=\mp\frac{5}{13}$$

したがって,

$$(x,\ y)=\left(\frac{12}{13},\ -\frac{5}{13}\right)\ \text{あるいは}\ \left(-\frac{12}{13},\ \frac{5}{13}\right)$$

力が一定でないときの仕事

これまで考えてきた力は常に一定の大きさ，方向であった．しかしながら，例えばばねの弾性力や万有引力のように，質点の位置によって大きさが変化する力が数多くあ

る．ここでは，質点の位置は直線的に x 軸上を動くとし，働く力の x 成分を $F(x)$〔N〕とする．このとき，$F(x)$ は図 5.9 のようであったとする．ここで質点が x〔m〕から $x+\Delta x$〔m〕まで変位するとすれば，その間に力の行う仕事 ΔW〔J〕は，

$$\Delta W = F(x)\Delta x$$

すなわち，図のハッチした長方形の部分の面積となる．したがって，$x=a$ から b まで変位させたときの仕事 W は，$a-b$ 間で同じように考えた長方形の総和となり，ここで $\Delta x \to 0$ とすれば，図の $F(x)$ 曲線の下の部分の積分，すなわち，

$$W = \int_a^b F(x)\mathrm{d}x \tag{5.14}$$

と書くことができる．

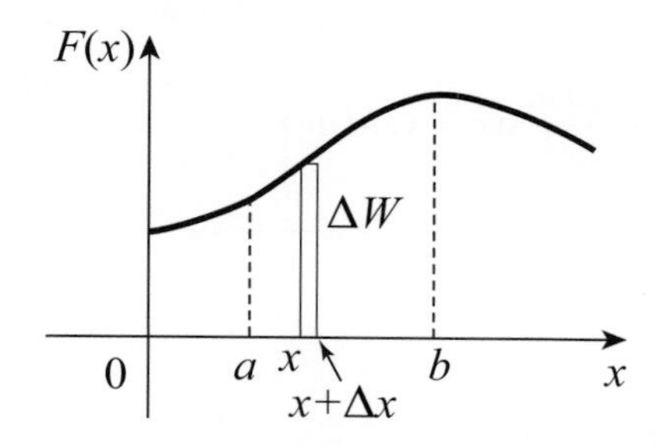

図 5.9: 力が位置によって変化するときの仕事

ここで一例として，ばねにつながったおもりを引く力による仕事を考える．図 5.10(a) のように，ばね定数 k〔N/m〕のばねにつながったおもりを，自然の長さ $x=0$ から a まで引くときにばねを引く力 F〔N〕が行う仕事 W〔J〕を求めたい．F の大きさはばねの長さによって変化し，

$$F(x) = kx \quad 〔\mathrm{N}〕$$

となる．これは，図 5-10(b) のように直線的に変化する．

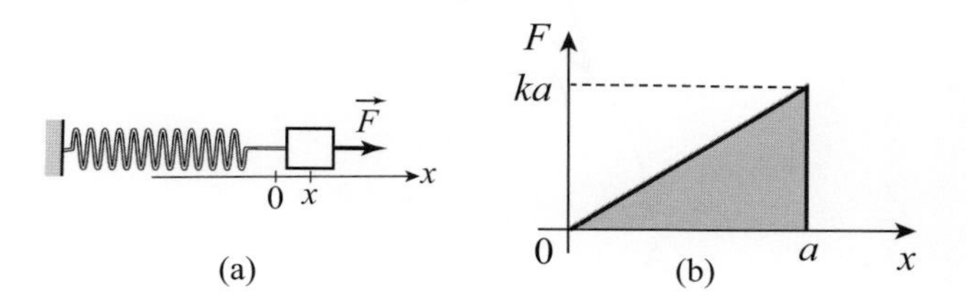

図 5.10: ばねを伸ばす力のする仕事

したがって，求める W は，

$$W = \int_0^a F(x)\mathrm{d}x = \int_0^a kx\mathrm{d}x = \left[\frac{1}{2}kx^2\right]_0^a = \frac{1}{2}ka^2 \quad 〔\mathrm{J}〕 \tag{5.15}$$

が得られる．

例題 5-4　原点 O に質量 M〔kg〕の質点 A がある．質量 m〔kg〕の質点 B を x 軸上で $x = a$〔m〕から無限遠まで引き離すときに必要な力 F〔N〕が行う仕事 W〔J〕を求めよ．ただし，万有引力定数を G〔Nm/kg^2〕とする．

解　B が x にあるときの万有引力とつりあう F は，

$$F = G\frac{Mm}{x^2} \quad 〔\mathrm{N}〕$$

である．したがって，$x = a$〔m〕から ∞ まで B を動かすときの F の W は，

$$W = \int_a^\infty G\frac{Mm}{x^2}\mathrm{d}x = GMm\left[-\frac{1}{x}\right]_a^\infty = G\frac{Mm}{a} \quad 〔\mathrm{J}〕$$

線積分

これまで直線的な変位だけを考えてきたが，実際の経路のほとんどがそうではない．一般的に図 5.11 のように，質点が点 A から点 B に経路 C で移動したとする．この曲線の経路を，小さな変位の和と考え，ある区間の微小変位 $\Delta\vec{s}$〔m〕で質点に働く力を一定の $\vec{F}$〔N〕とすれば，その区間で $\vec{F}$ がする仕事 ΔW〔J〕は，

$$\Delta W = \vec{F}\cdot\Delta\vec{s} \quad 〔\mathrm{J}〕$$

とすることができる．

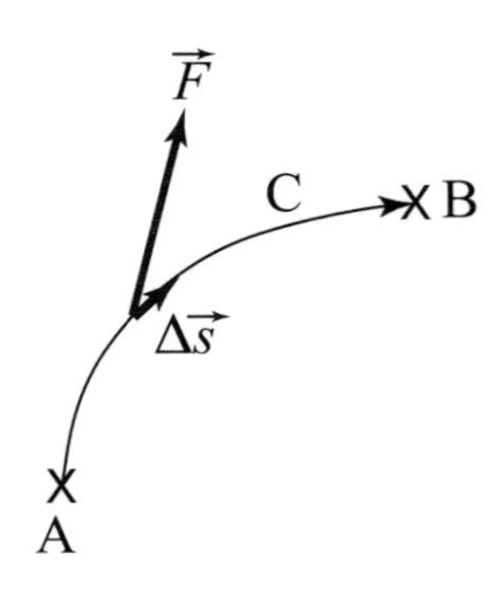

図 5.11: 線積分による仕事の求め方

ここで $\Delta\vec{s} \to 0$ の極限をとれば，積分として，

$$W_{\mathrm{A}\to\mathrm{B(C)}} = \int_{\mathrm{A(C)}}^{\mathrm{B}} \vec{F}\cdot \mathrm{d}\vec{s} \tag{5.16}$$

と表すことができる．この積分を **線積分** と呼ぶ．この積分はこのままでは簡単には見えないが，今後に仕事の概念を考えるときに頻繁に登場するので，その意味を正しく理解しておくことは重要である．

例題 5-5　図 5.12 のように，質量 m〔kg〕の質点が点 A から点 B までの曲がった滑らかな斜面 C を滑り降りるとする．A と B の高さの差を h〔m〕としたときに，A から B までの間に重力のする仕事は $W_{\mathrm{A}\to\mathrm{B(C)}} = mgh$〔J〕であることを示せ．ただし，$g$〔m/s^2〕は重力加速度の大きさである．

解　図 5.12 のように，質点が微小変位 $\Delta\vec{s}$〔m〕だけ点 P から点 Q へ移動したとする．このときの重力は鉛直下向きなので，$\Delta\vec{s}$ の斜面と重力の間の角度を θ〔rad〕とすれば，ここで重力の行う仕事は $mg\Delta s\cos\theta$〔J〕となる．ここで，$\Delta s\cos\theta$ は P と Q の高さの差，すなわち点 P' から点 Q' の距離 Δh に等しいので，重力が $\Delta\vec{s}$ で行う微小仕事は $mg\Delta h$ である．したがって，$W_{\mathrm{A}\to\mathrm{B(C)}}$ はこのような微小区間の和を取り，それを $\Delta\vec{s} \to 0$ とする，すなわち積分をすればよいので，

$$W_{\mathrm{A}\to\mathrm{B(C)}} = \int_{\mathrm{A(C)}}^{B} mg\mathrm{d}h = mgh \quad 〔\mathrm{J}〕 \tag{5.17}$$

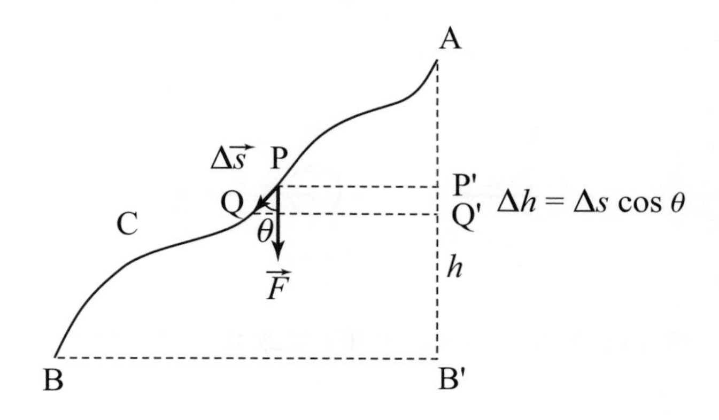

図 5.12: 任意の形の斜面を降りるときの重力のする仕事

5.2　運動エネルギー

物体は動いていると，それが止まるまで仕事をする．したがって，運動していることを仕事に換算できる．この節では，運動エネルギーと仕事の関係を明らかにする．

仕事と運動エネルギー

図 5.13 のように，質量 m〔kg〕の質点が x 軸方向に直線運動しているとする．図のように，時刻 $t = 0$ s のときに速度が v_1〔m/s〕で点 A にあった質点に，一定の力 F〔N〕をかけ続けたら $t = t$〔s〕で速度が v_2〔m/s〕で点 B と変化したとする．これまでに学修した，一定の力をかけたときの運動方程式による運動の変化の関係（例題 3-1）より，

$$v_2 = v_1 + \frac{F}{m}t \tag{5.18}$$

である．したがって，

$$t = \frac{m}{F}(v_2 - v_1) \tag{5.19}$$

となる．その間に進む距離 s〔m〕は，

$$\begin{aligned} s &= v_1 t + \frac{1}{2}\frac{F}{m}t^2 = v_1 \cdot \frac{m}{F}(v_2 - v_1) + \frac{1}{2}\frac{F}{m}\frac{m}{F}(v_2 - v_1)^2 \\ &= \frac{m}{F}\{v_1(v_2 - v_1) + \frac{1}{2}(v_2^2 - 2v_1 v_2 + v_1^2)\} = \frac{1}{2}\frac{m}{F}(v_2^2 - v_1^2) \end{aligned}$$

となる．したがって F の行った仕事は，

$$W_{\mathrm{A \to B}} = Fs = \frac{1}{2}mv_2^2 - \frac{1}{2}mv_1^2 \quad 〔\mathrm{J}〕 \tag{5.20}$$

である．

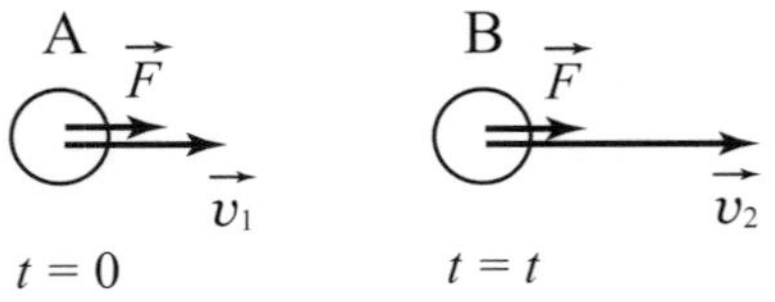

図 5.13: 質点に行われる仕事と運動エネルギーの変化

ここで，

$$K = \frac{1}{2}mv^2 \quad 〔\mathrm{J}〕 \tag{5.21}$$

を **運動エネルギー** と考え，A から B までに F の行った仕事 $W_{\mathrm{A \to B}}$ は，それぞれの点での運動エネルギーを K_{A} ，K_{B} とすれば，

$$W_{\mathrm{A \to B}} = K_{\mathrm{B}} - K_{\mathrm{A}} \tag{5.22}$$

となる．すなわち，**運動エネルギーはその間に行われた仕事の分だけ変化する** ことがわかる．

例題 5-6　図 5.14 のように，質量 m〔kg〕の質点が，角度 θ〔rad〕，動摩擦係数 μ' の斜面を初速 v_0〔m/s〕で下向きに動き出した．質点が止まるとき，動く距離 s〔m〕およびそのときの μ' の条件を求めよ．ただし，g〔m/s^2〕を重力加速度の大きさとする．

解　図 5.14 のように斜面を下る方向に x 軸をとれば，重力の x 成分は $mg\sin\alpha$〔N〕である．一方，垂直抗力の大きさは $mg\cos\alpha$〔N〕であるので，物体に働く動摩擦力は $f = -\mu mg\cos\alpha$〔N〕となる．したがって，質点に働く力の和 F〔N〕は，

$$F = mg\sin\alpha - \mu' mg\cos\alpha = mg(\sin\alpha - \mu'\cos\alpha)$$

である．したがって，質点が止まるまでの距離を s〔m〕とすると，質点にされる仕事と運動エネルギーの変化の関係，(5.21) 式より，

$$0^2 - \frac{1}{2}mv_0^2 = mgs(\sin\alpha - \mu'\cos\alpha)$$

となる．これより，

$$s = \frac{-v_0^2}{2g(\sin\alpha - \mu'\cos\alpha)}$$

となる．ここで止まるための条件は $F < 0$ あるいは $s > 0$ なので，

$$\sin\alpha - \mu'\cos\alpha < 0$$
$$\therefore \quad \mu' > \tan\alpha$$

である．

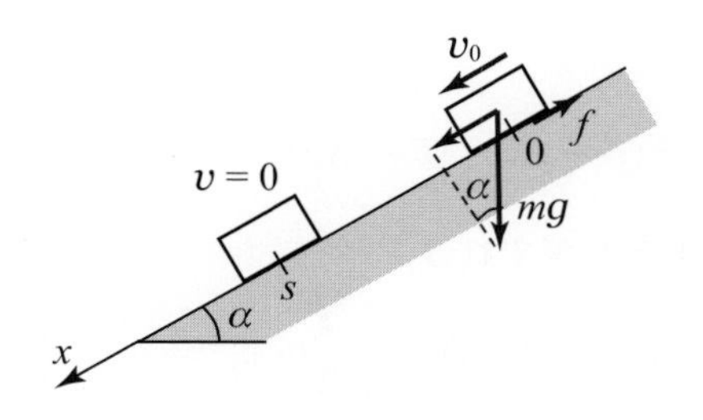

図 5.14: 質点に行われる仕事と運動エネルギーの変化

運動エネルギーの単位

(5.20) 式のように運動エネルギーの変化は仕事によって定められるので運動エネルギーの単位もジュール〔J〕である．これは簡単に確認できる．運動エネルギーは $K = \frac{1}{2}mv^2$

なので，その単位は,〔kg〕×〔m/s〕^{2} =〔kgm^2/s^2〕である．一方，仕事は,〔Nm〕=〔kgm/s^2·m〕=〔kgm^2/s^2〕となり，同じである．

仕事と運動エネルギーの関係の一般的な場合

作用する力は，一般的に大きさも方向も時間的に変化する．したがって，(5.20) 式が常に成り立つ関係式であることを示しておく必要がある．

質量 m〔kg〕の質点に力 $\vec{F}$〔N〕が作用するときの運動方程式，(3.1) 式を使って，微小な時間 Δt〔s〕とその間に生じる速度の微小な変化 $\Delta\vec{v}$〔m/s〕を考えると，

$$m\frac{\Delta\vec{v}}{\Delta t} = \vec{F} \tag{5.23}$$

と表すことができる．変位の微小な変化 $\Delta\vec{s}$〔m〕は，

$$\vec{v} = \frac{\Delta\vec{s}}{\Delta t} \tag{5.24}$$

となるので，(5.23) 式との内積をとれば，

$$m\vec{v}\cdot\frac{\Delta\vec{v}}{\Delta t} = \vec{F}\cdot\frac{\Delta\vec{s}}{\Delta t}$$

となる．したがって，

$$m\vec{v}\cdot\Delta\vec{v} = \vec{F}\cdot\Delta\vec{s} \tag{5.25}$$

の関係が得られる．

ここで，運動エネルギー $K = \frac{1}{2}m|\vec{v}|^2$ の Δt あたりの変化を ΔK〔J〕とすれば，

$$\Delta K = \frac{1}{2}m|\vec{v}+\Delta\vec{v}|^2 - \frac{1}{2}m|\vec{v}|^2$$

となる．ここで，

$$|\vec{v}+\Delta\vec{v}|^2 = (\vec{v}+\Delta\vec{v})\cdot(\vec{v}+\Delta\vec{v}) = |\vec{v}|^2 + 2\vec{v}\cdot\Delta\vec{v} + |\Delta\vec{v}|^2$$

であるが，$\Delta\vec{v}$ の 2 次の項を無視すれば，

$$\Delta K = \frac{1}{2}m(|\vec{v}|^2 + 2\vec{v}\cdot\Delta\vec{v}) - \frac{1}{2}m|\vec{v}|^2 = m\vec{v}\cdot\Delta\vec{v} = \vec{F}\cdot\Delta\vec{s}$$

が得られる．

ここで，質点が A→B に移動したとすれば，

$$\int_A^B \mathrm{d}K = \frac{1}{2}m|\vec{v}_\mathrm{B}|^2 - \frac{1}{2}m|\vec{v}_\mathrm{A}|^2$$

なので，

$$\int_A^B \vec{F}\cdot\mathrm{d}\vec{s} = W_{\mathrm{A}\to\mathrm{B}} = \frac{1}{2}m|\vec{v}_\mathrm{B}|^2 - \frac{1}{2}m|\vec{v}_\mathrm{A}|^2 \quad 〔\mathrm{J}〕 \tag{5.26}$$

となる．したがって，**質点の運動エネルギーの変化は行われた仕事に等しい．**

5.3 位置エネルギー（ポテンシャル・エネルギー）

もう１つのエネルギーの形として，あるだけで仕事をする能力がある**位置エネルギー**，あるいは別名として仕事を将来的にする能力を持つという意味の**ポテンシャル・エネルギー**をあげることができる．最も典型的な例は，同じ質量の水があったとして，それが山の上にあれば，今は動かないので運動エネルギーを持っていなくても，それが山を降りるときには水車を回して運動エネルギーに変えたり，それを利用して水力発電によって電気エネルギーを生み出すことができる可能性がある．ばねにつけたおもりも，ばねが自然の長さであるときと伸びたり縮んだりするときでは，その潜在するエネルギーに大きな差がある．

重力による位置エネルギー

図 5.15 のように，質量 m〔kg〕の質点が地上より高さ h〔m〕にある．このとき，地上に原点 O，そこから鉛直上向きに z 軸をとる．この場合に質点が地上に移動するまでの仕事は，作用する重力の大きさは mg〔N〕，向きは z 軸下向きであるので，

$$W = \int_h^0 (-mg)\mathrm{d}z = [-mgz]_h^0 = mgh$$

となり，これを位置エネルギーと考えることができる．一般的に基準の高さを z_0〔m〕，現在の高さを z〔m〕とすれば，その位置エネルギーは，

$$U(z) = mg(z - z_0) \tag{5.27}$$

である．

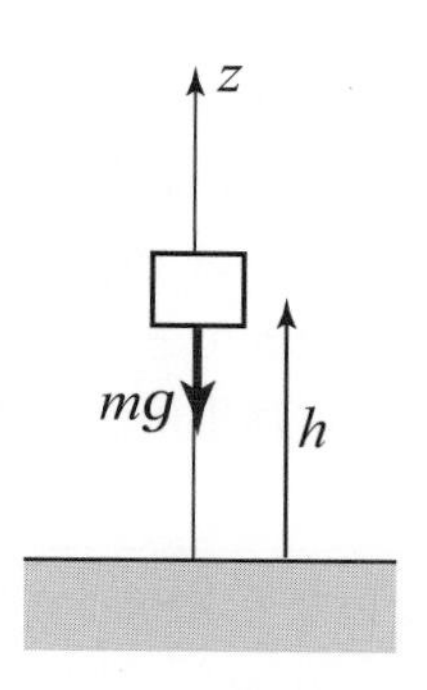

図 5.15: 重力による位置エネルギー

ここで注意したいのは，水平方向に質点が移動しても，変位と重力の方向は互いに垂直であるので，重力は仕事をせず，位置エネルギーは z の値だけで決まる．また，無重力状態であれば，上記のような仕事はしないので，位置エネルギーは変わらず，他の惑星上であれば同じ高さであっても重力の大きさが異なるので，位置エネルギーの大きさも異なる．これらは，(5.27) 式で g の大きさに依存する．

ばねの弾性力による位置エネルギー

図 5.16 のように，ばねの弾性力にも，自然の長さから離れていれば，潜在的に行う仕事があり，位置エネルギーを考えることができる．ただし前にも述べたように，ばねの弾性力は重力のように大きさは一定ではなく，変形した位置によって力の大きさは変化する．図のように，伸びた長さを x〔m〕とすれば，それが自然の長さに戻るまでにばねの弾性力がする仕事は，

$$W = \int_x^0 (-kx)\mathrm{d}x = \left[-\frac{1}{2}kx^2\right]_x^0 = \frac{1}{2}kx^2 \quad 〔\mathrm{J}〕 \tag{5.28}$$

と求めることができ，これを位置エネルギー

$$U(x) = \frac{1}{2}kx^2 \quad 〔\mathrm{J}〕 \tag{5.29}$$

と考えることができる．ここでばねが縮んでいる，すなわち $x < 0$ の場合も (5-28) 式が成り立つ．

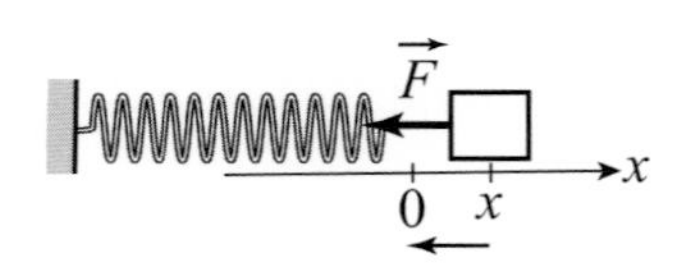

図 5.16: ばねの弾性力による位置エネルギー

保存力の定義

この位置エネルギーは，どのような種類の力にも求めることができるわけではない．例えば，摩擦力や空気の抵抗力は，質点の位置を変えて仕事をしても，それによって何か潜在的に仕事を行う能力が蓄えられるわけではなさそうである．したがって，質点の位置だけで位置エネルギーを決めることができる力と，位置エネルギーがそもそも決められない力に分けることができる．この区別の仕方はいくつかあるが，ここでは最も一般的な条件を示しておく．

〔保存力の条件 1〕
任意の点 A から点 B までの力 $\vec{F}$ の仕事，

$$W_{\mathrm{A}\to\mathrm{B}} = \int_{\mathrm{A}}^{\mathrm{B}} \vec{F}\cdot\mathrm{d}\vec{s} \quad 〔\mathrm{J}〕 \tag{5.30}$$

が移動の経路に依らないとき，$\vec{F}$ を **保存力** という．

このような条件には，重力，万有引力，ばねの弾性力，あるいはクーロン力が対応する．ここではまず，最も簡単な重力の場合に，上の条件が成立することを示す．図

5.17(a) のように，高さが h〔m〕にある点 A からその鉛直下方の高さ 0 m にある点 B までの仕事を考える．まず直線的に質量 m〔kg〕の質点を A から B まで移動させると，重力と変位の方向は同じなので，重力の行う仕事は mgh〔J〕である．異なった経路として，A から水平に b〔m〕移動して点 C，続いて鉛直下方に h〔m〕移動して点 D，最後に水平に B まで移動する長方形のう回をしたとする．この経路では，A から C まで，あるいは D から B までは，重力と変位の方向は互いに垂直であるので，重力は仕事をせず，C から D までの仕事 mgh〔J〕だけがこのう回した経路の仕事の総和となるので，保存力の条件を満たす．

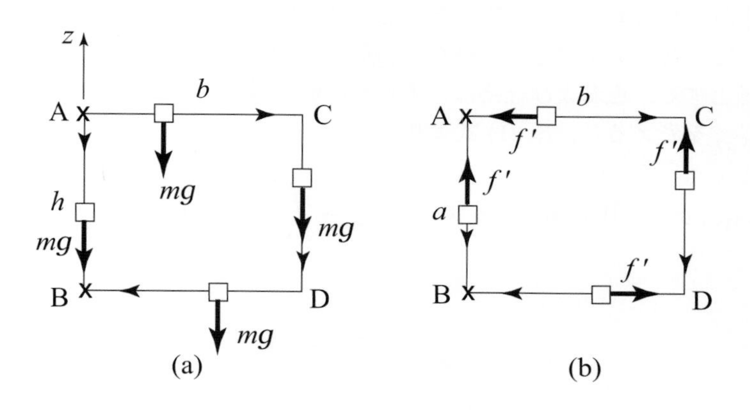

図 5.17: (a) 重力や (b) 摩擦力の場合の保存力かどうかの簡単な検証

これに対して，水平な xy 平面上に一定の動摩擦力 f'〔N〕を受けて移動する質点に働く f' の仕事を考える．(a) と類似な経路を考え，(b) のように A から B まで直線的に移動させるときと，長方形の形状に A → C → D → B とう回して移動させる場合を比較する．f' は移動の方向とは必ず逆方向に作用するので，直線経路を移動すると f' の行う仕事は $-f'a$〔J〕である．これに対してう回経路を移動させれば，移動の順に $-f'b$，$-f'a$ および $-f'b$ と f' は仕事を行い，総和は $-f'(a+2b)$〔J〕であるので，経路によって f' の行う仕事は全く異なる．このように，経路によって異なった仕事をする力のことを **非保存力** と呼ぶ．

上記の条件とは数学的に全く同じ条件ではあるが，保存力の条件の別の表現を紹介しておく．別の教科書では，これを条件としているものも数多くある．

〔保存力の条件2〕
任意の点Aから任意の経路Cを通ってAに戻るまでの力 $\vec{F}$ の仕事が,

$$W_{\mathrm{A\,\to\,A(C)}} = \oint_{\mathrm{A(C)}}^{\mathrm{A}} \vec{F}\cdot \mathrm{d}\vec{s} = 0 \quad \mathrm{J} \tag{5.31}$$

となる $\vec{F}$ を **保存力** という.

この条件が上記の条件1と同等であることは，以下のように簡単に確認できる．図5.18のように，点Aを出発して経路 $\mathrm{C_1}$ を通って点Bに達し，それから経路 $\mathrm{C_2}$ を通ってAに戻るとする．点および経路はいずれも任意である．このときの力 $\vec{F}$ による仕事 $W_{\mathrm{A\to A(C_1,C_2)}}$ を考えると，(5.31) 式より，

$$W_{\mathrm{A\to A(C_1,C_2)}} = W_{\mathrm{A\to B(C_1)}} + W_{\mathrm{B\to A(C_2)}} = \int_{\mathrm{A(C_1)}}^{\mathrm{B}} \vec{F}\cdot \mathrm{d}\vec{s} + \int_{\mathrm{B(C_2)}}^{\mathrm{A}} \vec{F}\cdot \mathrm{d}\vec{s} = 0$$

となる.

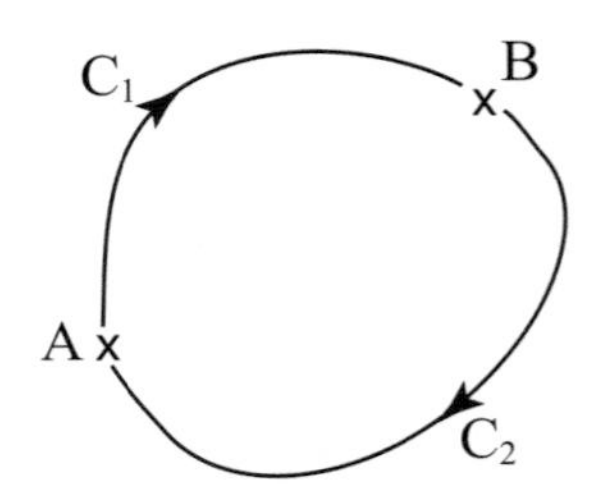

図 5.18: 保存力の条件の確認

ここで，BからAへの経路を逆にすると，

$$\int_{\mathrm{B(C_2)}}^{\mathrm{A}} \vec{F}\cdot \mathrm{d}\vec{s} = -\int_{\mathrm{A(C_2)}}^{\mathrm{B}} \vec{F}\cdot \mathrm{d}\vec{s}$$

であるので，

$$W_{\mathrm{A\to A(C_1,C_2)}} = \int_{\mathrm{A(C_1)}}^{\mathrm{B}} \vec{F}\cdot \mathrm{d}\vec{s} - \int_{\mathrm{A(C_2)}}^{\mathrm{B}} \vec{F}\cdot \mathrm{d}\vec{s} = 0$$

となる．したがって，

$$\int_{\mathrm{A(C_1)}}^{\mathrm{B}} \vec{F}\cdot \mathrm{d}\vec{s} = \int_{\mathrm{A(C_2)}}^{\mathrm{B}} \vec{F}\cdot \mathrm{d}\vec{s}$$

となり，$\mathrm{C_1}$ と $\mathrm{C_2}$ は任意の異なった経路であるので，$\vec{F}$ の行う仕事は経路によらないという保存力の条件1を満たす.

ポテンシャル

力が保存力であれば，その位置エネルギーは，その位置だけで決めることができる．したがって，ある基準点 O を定めれば，そこからの仕事を経路によらず一意的に決めることができる．ここで，ある保存力 $\vec{F}$〔N〕について，点 A の位置ベクトルを $\vec{r}$〔m〕とすれば，

$$U(\vec{r}) = -\int_{\mathrm{O}}^{\mathrm{A}} \vec{F} \cdot \mathrm{d}\vec{s} \quad 〔\mathrm{J}〕 \tag{5.32}$$

を力 $\vec{F}$ の **ポテンシャル** あるいは **ポテンシャル・エネルギー** と定義する．

これを用いれば，位置 $\vec{r}_1$〔m〕にある点 A から位置 $\vec{r}_2$〔m〕にある点 B までに保存力 $\vec{F}$ のする仕事 $W_{\mathrm{A}\to\mathrm{B}}$〔J〕を容易に計算することができる．すなわち，図 5.19 のように，$\vec{r}_1$ にある点 A から $\vec{r}_2$ にある点 B までの，$\vec{F}$ による仕事 $W_{\mathrm{A}\to\mathrm{B}}$ は，$\vec{F}$ が保存力であるので経路に依存しない．したがって図のようにその経路に基準点 O を含むことができるので，

$$W_{\mathrm{A}\to\mathrm{B}} = \int_{\mathrm{A}}^{\mathrm{B}} \vec{F} \cdot \mathrm{d}\vec{s} = \int_{\mathrm{A}}^{\mathrm{O}} \vec{F} \cdot \mathrm{d}\vec{s} + \int_{\mathrm{O}}^{\mathrm{B}} \vec{F} \cdot \mathrm{d}\vec{s} = -\int_{\mathrm{O}}^{\mathrm{A}} \vec{F} \cdot \mathrm{d}\vec{s} + \int_{\mathrm{O}}^{\mathrm{B}} \vec{F} \cdot \mathrm{d}\vec{s}$$

となり，(5.32) 式より，

$$W_{\mathrm{A}\to\mathrm{B}} = U(\vec{r}_1) - U(\vec{r}_2) \quad 〔\mathrm{J}〕 \tag{5.33}$$

となる．

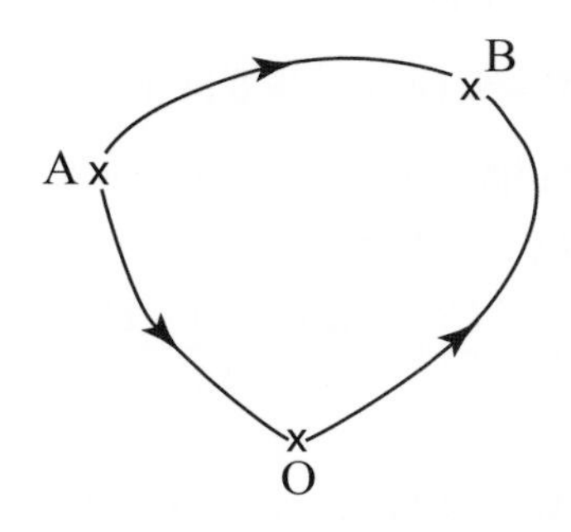

図 5.19: 仕事とポテンシャルの関係

ここでいくつかの保存力についてポテンシャルを求める．

(a) 重力

質量 m〔kg〕の質点に作用する重力 F〔N〕は，鉛直上方に z 軸をとれば，$F = -mg$ と表すことができる．$z = 0$ を基準点とすれば，

$$U(z) = -\int_0^z F \mathrm{d}z = -\int_0^z (-mg)\,\mathrm{d}z = mgz \quad 〔\mathrm{J}〕 \tag{5.34}$$

(b) ばねの弾性力

ばね定数 k〔N/m〕のばねの自然の長さを基準点とし，ばねが伸びる方向に x 軸をとれば，ばねの弾性力は，$F = -kx$〔N〕と表すことができる．したがって，

$$U(x) = -\int_0^x F\mathrm{d}x = -\int_0^x (-kx)\mathrm{d}x = \frac{1}{2}kx^2 \quad \text{〔J〕} \tag{5.35}$$

(c) 万有引力

質量 M〔kg〕の質点 A を原点に固定し，質量 m〔kg〕の質点 B を原点から距離 r〔m〕に置く．万有引力定数を G〔$\mathrm{Nm^2/kg^2}$〕とすれば，そのときに B に作用する万有引力は，$F = -G\dfrac{Mm}{r^2}$〔N〕である．基準点を無限大 ∞ におけば，

$$U(r) = -\int_\infty^r F\mathrm{d}r = -\int_\infty^r \left(-G\frac{Mm}{r^2}\right)\mathrm{d}r = \left[-G\frac{Mm}{r}\right]_\infty^r = -G\frac{Mm}{r} \quad \text{〔J〕} \tag{5.36}$$

ポテンシャルと力の関係

スカラー量であるポテンシャルが，ベクトル量である保存力の線積分によって求められることがわかった．逆に，スカラー量であるポテンシャルからベクトル量である力を求めることができるのであろうか？

図 5.20 のように，質点の位置が座標 (x, y, z) で与えられ，これに力 $\vec{F}$〔N〕が作用して x 軸方向に微小距離 Δx〔m〕だけ動いたとする．このとき $\vec{F}$ が質点にする仕事 ΔW〔J〕はポテンシャルより (5.33) 式を用いて，

$$\Delta W = U(x, y, z) - U(x + \Delta x, y, z)$$

である．Δx は小さいので，その間の $\vec{F}$ は一定であると考えてよい．したがって，$\Delta W = F_x \Delta x$ と書くことができるので，これより，

$$F_x = -\frac{U(x + \Delta x, y, z) - U(x, y, z)}{\Delta x}$$

と書くことができる．

ここで $\Delta x \to 0$ とするのは，3 変数 x，y，z の関数である U を，y と z は一定としたまま，x で微分することに相当する．このような微分を **偏微分** と呼び，

$$\frac{\partial U}{\partial x} = \lim_{\Delta x \to 0} \frac{U(x + \Delta x, y, z) - U(x, y, z)}{\Delta x}$$

という記号で表す．したがって，$\vec{F}$ の x 成分は，

$$F_x = -\frac{\partial U}{\partial x} \tag{5.37}$$

で表される．y と z の成分も同様に，

$$F_y = -\frac{\partial U}{\partial y}$$

$$F_z = -\frac{\partial U}{\partial z}$$

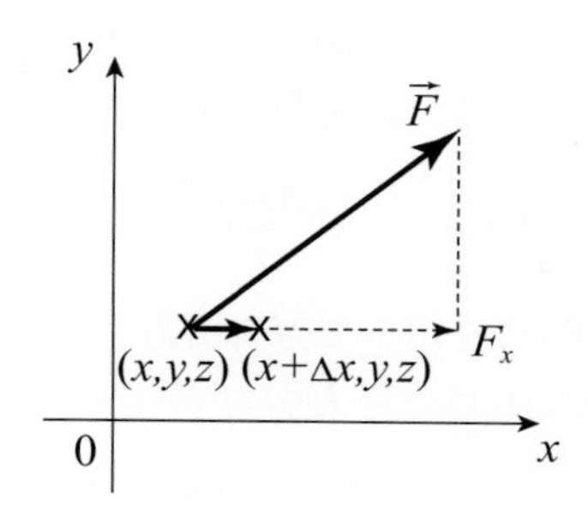

図 5.20: ポテンシャルの偏微分と力

となる．数学的には，これらをまとめることにより,「ナブラ」と読む $\nabla = (\frac{\partial}{\partial x}, \frac{\partial}{\partial y}, \frac{\partial}{\partial z})$ を用いて,

$$\vec{F} = -\nabla U \quad 〔\mathrm{N}〕 \tag{5.38}$$

とまとめることができる．

∇ は関数の **勾配** を示すものとして知られる．例えば図 5.21 のように，空間に U が一定の等ポテンシャル面があったとすれば，$\vec{F}$ はその面に垂直でポテンシャルが小さくなる（－がついているので）方向を向き，その大きさはポテンシャルの勾配となる．すなわち，等間隔の等ポテンシャル面を描けば，その面が詰まっているほど力は大きくなる．

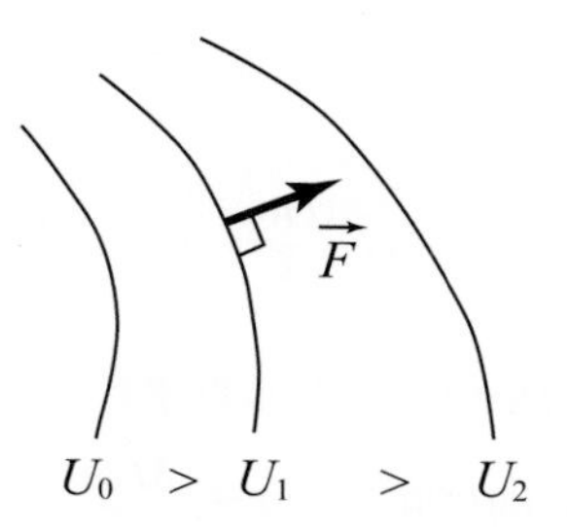

図 5.21: 等ポテンシャル面と力

例題 5-7　ばねの弾性力のポテンシャルは，ばね定数を k〔N/m〕とすれば，$U(x) = \frac{1}{2}kx^2$〔J〕である．ポテンシャルと力の関係を用いてばねの弾性力を求めよ．

解　微分の公式 (5-37) を用いれば，U は x〔m〕だけの関数なので，

$$F = -\frac{\mathrm{d}U}{\mathrm{d}x} = -kx \quad 〔\mathrm{N}〕$$

例題 5-8　質量 M〔kg〕の質点を原点に置き，そこから r〔m〕の距離に質量 m〔kg〕の質点の万有引力のポテンシャルは，万有引力定数を G〔$\mathrm{Nm^2/kg^2}$〕とすれば，

$$U(r) = -G\frac{Mm}{r} \quad 〔\mathrm{J}〕$$

である．ポテンシャルと力の関係を用いて万有引力をベクトルとして求めよ．

解　微分の公式 (5.37) を用いれば，万有引力 $\vec{F}$〔N〕の x 成分 F_x は，

$$F_x = -\frac{\partial U}{\partial x} = -\frac{\mathrm{d}U}{\mathrm{d}r} \cdot \frac{\partial r}{\partial x}$$

となる．$r = \sqrt{x^2 + y^2 + z^2}$ から，

$$\begin{aligned} \frac{\partial r}{\partial x} &= \frac{1}{2}\frac{1}{\sqrt{x^2+y^2+z^2}} \cdot 2x = \frac{x}{r} \\ \frac{\mathrm{d}U}{\mathrm{d}r} &= -(-1)G\frac{Mm}{r^2} \end{aligned}$$

であるので，

$$F_x = -G\frac{Mm}{r^2} \cdot \frac{x}{r}$$

となる．同様に $\vec{F}$ の y，z 成分はそれぞれ，

$$\begin{aligned} F_y &= -G\frac{Mm}{r^2} \cdot \frac{y}{r} \\ F_z &= -G\frac{Mm}{r^2} \cdot \frac{z}{r} \end{aligned}$$

なので，これらをまとめると，

$$\vec{F} = -G\frac{Mm}{r^2} \cdot \frac{\vec{r}}{r} \quad 〔\mathrm{N}〕$$

である．ここで，$\dfrac{\vec{r}}{r}$ は $\vec{r}$ 方向の単位ベクトルを示し，$G\dfrac{Mm}{r^2}$ は力の大きさを示しているので，万有引力は常に原点方向に向かって $G\dfrac{Mm}{r^2}$ の大きさで作用する．

5.4　力学的エネルギー保存の法則

これまで仕事を介在させることによって，運動エネルギーやポテンシャルについて考えてきた．例えば，質点を高いポテンシャル位置から落とすと速さが速くなり，運動エネルギーが増す．このように質点はその状態によって運動エネルギーとポテンシャルを交換し，エネルギーの総和は保存すると考えることができそうである．運動エネルギーとポテンシャルをまとめて **力学的エネルギー** という．エネルギーは一般的に保存され

るものであるが，摩擦力などの非保存力が作用すると，熱エネルギーが生成し，力学的エネルギーは失われる．

力学的エネルギーの保存

力学的エネルギーが保存する，すなわちその総和が一定であることは，これまで学修してきた仕事とエネルギーの関係から容易に示すことができる．図 5.22 のように，質量 m〔kg〕の質点が，ある保存力の行う仕事 W〔J〕によって，位置 $\vec{r}_1$〔m〕，速度 $\vec{v}_1$〔m/s〕から，位置 $\vec{r}_2$〔m〕，速度 $\vec{v}_2$〔m/s〕に変化したとする．

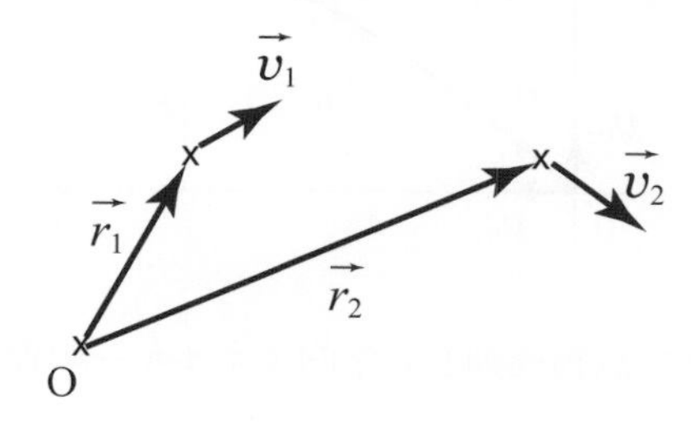

図 5.22: 保存力による位置と速度の変化

まず，W と運動エネルギーの関係は，(5.26) 式より，

$$W = \frac{1}{2}m|\vec{v}_2|^2 - \frac{1}{2}m|\vec{v}_1|^2$$

である．また，W とポテンシャルの関係は，(5.33) 式より，

$$W = U(\vec{r}_1) - U(\vec{r}_2)$$

である．これらの式の W は同じものであるので，

$$\frac{1}{2}m|\vec{v}_2|^2 - \frac{1}{2}m|\vec{v}_1|^2 = U(\vec{r}_1) - U(\vec{r}_2)$$

したがって，

$$\frac{1}{2}m|\vec{v}_1|^2 + U(\vec{r}_1) = \frac{1}{2}m|\vec{v}_2|^2 + U(\vec{r}_2)$$

である．ここで 1 と 2 は任意であるので，力学的エネルギーの総和，

$$\frac{1}{2}m|\vec{v}|^2 + U(\vec{r}) = (\text{一定}) \quad 〔\mathrm{J}〕 \tag{5.39}$$

は常に一定である．これが **力学的エネルギーの保存則** である．

ここで，いろいろな保存力について個別に力学的エネルギー E の保存則を示す．
(a) 重力

重力の場合は，そのポテンシャルは，(5.34) 式より，$U(z) = mgz$ なので，

$$E = \frac{1}{2}mv^2 + mgz = (\text{一定}) \quad 〔\mathrm{J}〕 \tag{5.40}$$

である．

この保存則を用いれば，質点の軌道を詳しく計算しないでも，いくつかの量は簡単に求めることができる．図5.23のように原点Oより速さ v_0〔m/s〕で斜め上方に質点を投げたとき，質点の高さが h〔m〕になったときの質点の速さ v〔m/s〕や，最高点に達したときの高さ H〔m〕などは簡単に求めることができる．

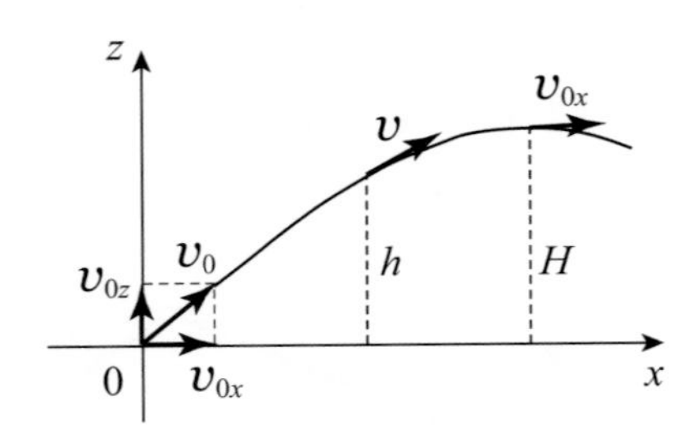

図 5.23: 放物運動と力学的エネルギーの保存則

図のように，投げる方向の水平な方向に x 軸，鉛直上方に z 軸をとる．まず，質量 m〔kg〕の質点が原点にいたときと高さが $z=h$ になったときの力学的エネルギーの保存則より，

$$\frac{1}{2}mv_0^2 = \frac{1}{2}mv^2 + mgh$$

したがって，

$$v = \sqrt{v_0^2 - 2gh} \quad 〔\mathrm{m/s}〕$$

となる．

次に H は，質点が原点にいたときと最高点に達したときの力学的エネルギーの保存則を考える．図のように，v_0 の x および z 軸方向の成分をそれぞれ v_{0x}，v_{0z} とすれば，x 軸方向には等速運動することを考え合わせると，

$$\frac{1}{2}m(v_{0x}^2 + v_{0z}^2) = \frac{1}{2}mv_{0x}^2 + mgH$$

したがって，

$$H = \frac{v_{0z}^2}{2g} \quad 〔\mathrm{m}〕$$

となる．

例題 5-9　図5.24のように，長さ l〔m〕の振り子を角度 θ〔rad〕から静かに放し，鉛直直下に来たときの速さ v〔m/s〕を求めよ．

解　鉛直直下を原点とすると，最初のおもりの高さは，$l(1-\cos\theta)$ である．おもりの質量を m〔kg〕とすると，力学的エネルギーの保存則は，

$$\frac{1}{2}mv^2 = mgl(1-\cos\theta)$$

なので，

$$v = \sqrt{2gl(1-\cos\theta)} \quad 〔\mathrm{m/s}〕$$

となる．

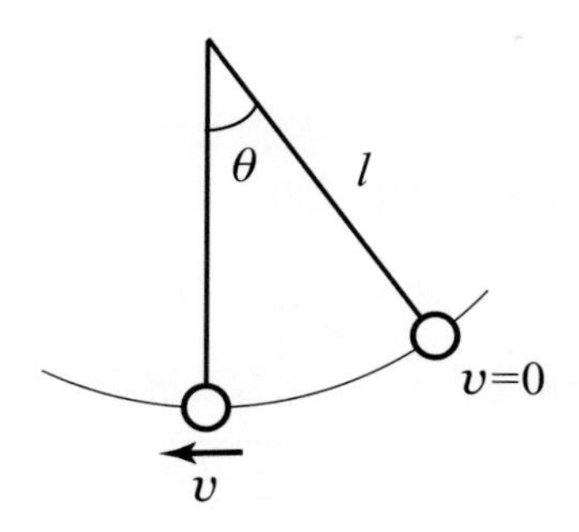

図 5.24: 振り子と力学的エネルギーの保存則

(b) ばねの弾性力

ばねの弾性力の場合は，そのポテンシャルは，(5.35) 式より，$U(x) = \dfrac{1}{2}kx^2$ なので，

$$E = \frac{1}{2}mv^2 + \frac{1}{2}kx^2 = (\text{一定}) \quad 〔\mathrm{J}〕 \tag{5.41}$$

である．

この式を使って，ばねは振動中に力学的エネルギーが常に一定であることを示す．ばねの振動を (4.24) 式で表せば，

$$x = A\sin(\omega t + \phi_0)$$

ここで，$\omega = \sqrt{\dfrac{k}{m}}$〔rad/s〕は固有角振動数，$A$〔m〕は振幅および ϕ_0〔rad〕は初期位相である．これから速さを求めれば，

$$v = A\omega\cos(\omega t + \phi_0) \quad 〔\mathrm{m/s}〕$$

となる．(5.41) 式に代入すれば，

$$\begin{aligned} E &= \frac{1}{2}mA^2\omega^2\cos^2(\omega t + \phi_0) + \frac{1}{2}kA^2\sin^2(\omega t + \phi_0) \\ &= \frac{1}{2}kA^2\{\cos^2(\omega t + \phi_0) + \sin^2(\omega t + \phi_0)\} = \frac{1}{2}kA^2 \quad 〔\mathrm{J}〕 \end{aligned}$$

となり，振動中に力学的エネルギーは常に一定である．

例題 5-10　図 5.25 のように，軽い上皿のついたばね定数 k〔N/m〕のばねを鉛直に立て，他端は地上に固定されている．上皿からの高さ h〔m〕から質量 m〔kg〕の小さな物体を静かに落とし，上皿と一体となったとしたときの，ばねの最大に縮んだ長さ x〔m〕を求めよ．

解　最初の上皿の位置をポテンシャルの原点とする．物体を落とす前とばねが最も縮んだときの力学的エネルギーの保存則により，

$$mgh = \frac{1}{2}kx^2 - mgx$$

したがってこの二次方程式を解き，x が正となる解を選べばよいので，

$$x = \frac{mg + \sqrt{m^2g^2 + 2kmgh}}{k} \quad 〔\mathrm{m}〕$$

である．

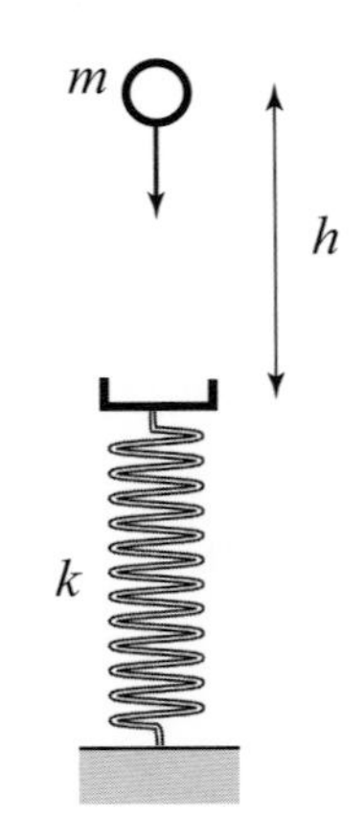

図 5.25: ばねの弾性力と力学的エネルギーの保存則

(c) 万有引力

万有引力の場合は，原点に質量 M〔kg〕の質点を置いたときの原点から距離 r〔m〕の位置にある質点のポテンシャルは，(5.36) 式より，$U(r) = -G\dfrac{Mm}{r}$ なので，

$$E = \frac{1}{2}mv^2 - G\frac{Mm}{r} = (\text{一定}) \quad 〔\mathrm{J}〕 \tag{5.42}$$

である．

ここで，この質点が $r = \infty$ で運動できるのはそこで $E = \dfrac{1}{2}mv_\infty^2 > 0$ のときである．したがって，図 5.26 のように，もし質点が原点からの距離が r〔m〕の距離の地点で速

さ v〔m/s〕で運動していたとして，その後宇宙の無限遠まで到達できるのは，

$$E = \frac{1}{2}mv^2 - G\frac{Mm}{r} > 0$$

すなわち，

$$v > \sqrt{\frac{2GM}{r}} \quad 〔\mathrm{m/s}〕$$

でなければならない．

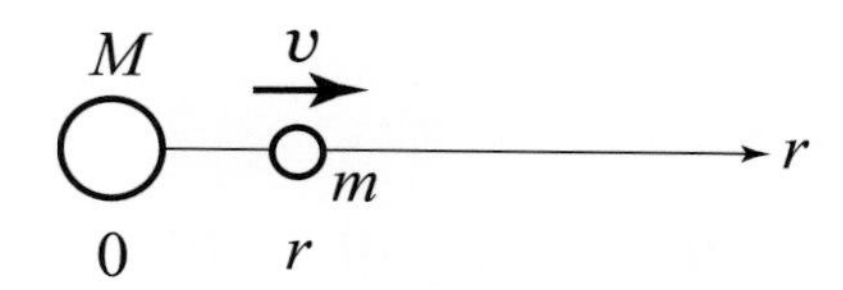

図 5.26: 万有引力と力学的エネルギーの保存則

ここで，r を地上から，すなわち地球の半径と考えたときの最小の速さを **第 2 宇宙速度** という．実際の第 2 宇宙速度を計算すると，

$$v = \sqrt{\frac{2 \times 6.7 \times 10^{-11} \times 6.0 \times 10^{24}}{6.4 \times 10^{6}}} = 1.1 \times 10^{4} \quad \mathrm{m/s}$$

となる．

5.5 中心力と保存力

万有引力や，今後電磁気学や物性物理学でそれぞれ学修するであろうクーロン力や三次元のばねの弾性力などの力の特徴として，図 5.27 に示すように，1) 力 $\vec{F}$〔N〕がある定まった原点からの位置 $\vec{r}$〔m〕と平行であり，2) その大きさは原点からの距離 r のみの関数による．

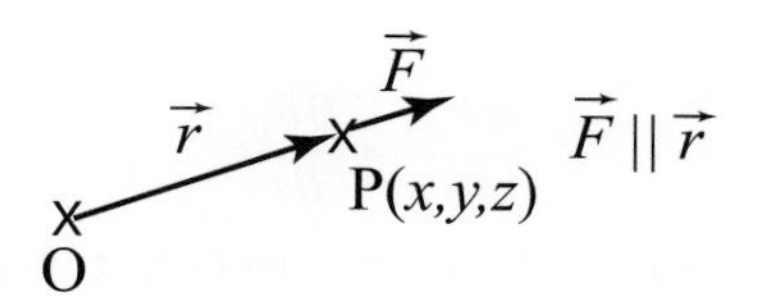

図 5.27: 中心力

すなわち，点 $\mathrm{P}(x, y, z)$ で働く力は，

$$\vec{F} = f(r)\frac{\vec{r}}{r} \quad 〔N〕 \tag{5.43}$$

と書ける．このような力を **中心力** という．ここで $\dfrac{\vec{r}}{r}$ は位置方向の単位ベクトルである．成分に分ければ，

$$F_x = f(r)\frac{x}{r}, \quad F_y = f(r)\frac{y}{r}, \quad F_z = f(r)\frac{z}{r}$$

である．

中心力は保存力

まず，保存力にはポテンシャルが存在することを用いた，保存力の条件3を示したい．

〔保存力の条件3〕
力 $\vec{F}$ の成分について，

$$\frac{\partial F_x}{\partial y} = \frac{\partial F_y}{\partial x}, \quad \frac{\partial F_y}{\partial z} = \frac{\partial F_z}{\partial y}, \quad \frac{\partial F_z}{\partial x} = \frac{\partial F_x}{\partial z} \tag{5.44}$$

が成り立つとき，この力は保存力である．

ポテンシャルと力の成分の関係を用いれば，容易にこの条件を求めることができる．まず，$F_x = -\dfrac{\partial U}{\partial x}$ なので，

$$\frac{\partial F_x}{\partial y} = -\frac{\partial^2 U}{\partial y \partial x} = -\frac{\partial^2 U}{\partial x \partial y} = \frac{\partial F_y}{\partial x}$$

である．同様に，$\dfrac{\partial F_y}{\partial z} = \dfrac{\partial F_z}{\partial y}$，$\dfrac{\partial F_z}{\partial x} = \dfrac{\partial F_x}{\partial z}$ も成り立つ．偏微分が x，y，z についてそれぞれ独立に微分を行うことが理解できていれば，この計算式は理解できるであろう．

さてこの条件を中心力に適用してみる．すなわち，

$$\frac{\partial F_x}{\partial y} = \frac{\partial}{\partial y}\{f(r)\frac{x}{r}\} = x\frac{\partial}{\partial y}(\frac{f}{r}) = x\frac{\partial r}{\partial y}\frac{\mathrm{d}}{\mathrm{d}r}(\frac{f}{r}) = xy\frac{1}{r}\frac{\mathrm{d}}{\mathrm{d}r}(\frac{f}{r})$$
$$\frac{\partial F_y}{\partial x} = \frac{\partial}{\partial x}\{f(r)\frac{y}{r}\} = y\frac{\partial}{\partial x}(\frac{f}{r}) = y\frac{\partial r}{\partial x}\frac{\mathrm{d}}{\mathrm{d}r}(\frac{f}{r}) = xy\frac{1}{r}\frac{\mathrm{d}}{\mathrm{d}r}(\frac{f}{r})$$

したがって，

$$\frac{\partial F_x}{\partial y} = \frac{\partial F_y}{\partial x}$$

同様に，他の成分でも成り立つ．したがって，**中心力は保存力** である．

中心力のポテンシャル

中心力は保存力であるので，ポテンシャルも必ず求めることができる．ポテンシャルの定義式 (5.32) より，

$$U(r) = -\int_0^r \vec{F} \cdot \mathrm{d}\vec{r} = -\int_0^r f(r)\frac{\vec{r}}{r} \cdot \mathrm{d}\vec{r}$$

となる．ここで図 5.28 のように，保存力の行う仕事はどのような経路を通っても等しいので，経路を $\vec{r}$ に沿って直線的にとってもよい．このとき $\vec{r}$ と $\mathrm{d}\vec{r}$ は同じ方向を向くので，

$$\vec{r}\cdot\mathrm{d}\vec{r} = r\mathrm{d}r$$

したがって，

$$U(r) = -\int_0^r f(r)\mathrm{d}r \quad 〔\mathrm{J}〕 \tag{5.45}$$

である．例えば，万有引力のポテンシャルを計算するとき，(5-36) 式のように r で積分し，そのベクトル性を考えないのは，保存力の場合必ずしも誤った結果を導くわけではない．

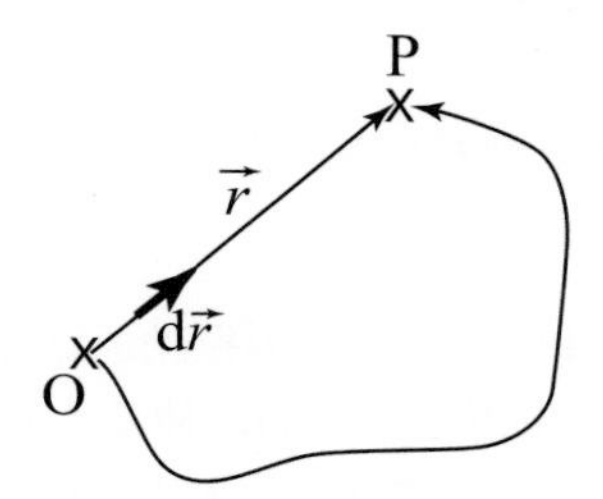

図 5.28: 中心力のポテンシャルを求める経路

5.6　非保存力と力学的エネルギーの散逸

先に述べたように，非保存力が作用すると，力学的エネルギーの保存則は成り立たない．これを **非保存力による力学的エネルギーの散逸** と呼ぶ．しかしながら全てのエネルギーはどこかに消失するわけではなく，保存するので，常に負の値である非保存力のする仕事を計算に入れれば，

（ある事象の前の力学的エネルギー）＋（非保存力がした仕事）
＝（その事象の後の力学的エネルギー）　(5.46)

となる．

例えば，図 5.29 のように，傾き θ〔rad〕，動摩擦力係数 μ' の粗い斜面に質量 m〔kg〕の質点を静かに置いたとすると，斜面上を距離 s〔m〕だけ滑り降りたときの質点の速さ v〔m/s〕を求めることができる．まず動摩擦力の大きさは，$\mu' mg\cos\theta$〔N〕である．重力のポテンシャルの原点を初期位置とすれば，(5.46) 式より，

$$0 - \mu' mg\cos\theta\cdot s = \frac{1}{2}mv^2 - mg\cdot s\sin\theta$$

と書くことができるので，

$$v = \sqrt{2gs(\sin\theta - \mu' \cos\theta)} \quad 〔\mathrm{m/s}〕$$

と表すことができる．

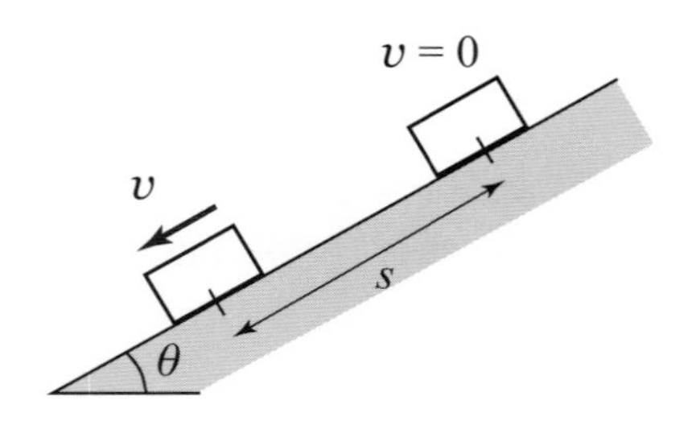

図 5.29: 斜面を滑るときの力学的エネルギーの散逸

次に，図 5.30 のように，液体中でのばねの振動運動を考えてみよう．ここで，ばねの自然な長さのときのおもりの位置を原点 O，伸びる方向に x 軸をとると，液体の抵抗力を $f = -bv$〔N〕と考えることができる．おもりの振動の大きさは，液体の抵抗力によって時刻とともに小さくなる．これを **減衰振動** という．まず，おもりの質量を m〔kg〕，ばね定数を k〔N/m〕として，おもりの運動方程式を書けば，

$$m\frac{\mathrm{d}v}{\mathrm{d}t} = -kx - bv \tag{5.47}$$

となる．ここで両辺に $v = \dfrac{\mathrm{d}x}{\mathrm{d}t}$ をかけると，

$$mv\frac{\mathrm{d}v}{\mathrm{d}t} = -kx\frac{\mathrm{d}x}{\mathrm{d}t} - bv^2$$

したがって，

$$\frac{d}{dt}\left(\frac{1}{2}mv^2 + \frac{1}{2}kx^2\right) = -bv^2$$

と表すことができる．左辺の（　）内は，ばねの弾性力の力学的エネルギーを示すので，このばねの力学的エネルギーは，液体の抵抗力によって単位時間あたり bv^2 だけ減少（散逸）していくことになる．

ここで，運動方程式 (5.47) を解いておこう．ばねの固有振動数 $\omega_0 = \sqrt{\dfrac{k}{m}}$，抵抗力による振動の減衰率 $\gamma = \dfrac{b}{2m}$ を用いて書き直せば，

$$\frac{\mathrm{d}^2x}{\mathrm{d}t^2} + 2\gamma\frac{\mathrm{d}x}{\mathrm{d}t} + \omega_0^2 x = 0 \tag{5.48}$$

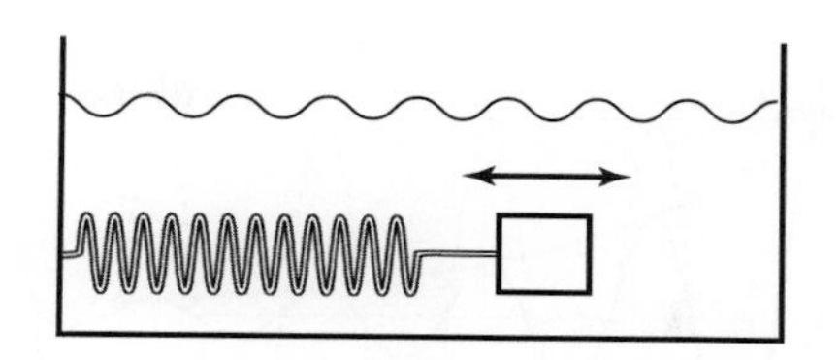

図 5.30: 減衰振動

となる．ここで，$x = e^{\lambda t}$ と仮定して，式に代入すれば，

$$(\lambda^2 + 2\gamma\lambda + \omega_0^2)e^{\lambda t} = 0$$

となり，

$$\lambda^2 + 2\gamma\lambda + \omega_0^2 = 0$$

であればよい．したがって，

$$\lambda = -\gamma \pm \sqrt{\gamma^2 - \omega_0^2} \tag{5.49}$$

となる．この解は，γ と ω_0 の大きさの違いによって，すなわち $\gamma^2 - \omega_0^2$ の符号によって異なった結果となる．

(a) 消衰振動 $\gamma < \omega_0$ のとき

抵抗力が小さいときに対応する．$\omega = \sqrt{\omega_0^2 - \gamma^2}$ とすれば，

$$\lambda = -\gamma \pm i\omega$$

となり，オイラーの公式，

$$e^{\pm i\theta} = \cos\theta \pm i\sin\theta \tag{5.50}$$

を用いれば，

$$x = C_+ e^{-\gamma t + i\omega t} + C_- e^{-\gamma t - i\omega t}$$

である．これの実数解，すなわち三角関数の形に求めれば，

$$x = e^{-\gamma t}(C_1\cos\omega t + C_2\sin\omega t) \quad 〔\mathrm{m}〕 \tag{5.51}$$

となる．これを t で微分すれば，

$$\begin{aligned} v &= -\gamma e^{-\gamma t}(C_1\cos\omega t + C_2\sin\omega t) + \omega e^{-\gamma t}(-C_1\sin\omega t + C_2\cos\omega t) \\ &= e^{-\gamma t}\{(-\gamma C_1 + \omega C_2)\cos\omega t - (\gamma C_2 + \omega C_1)\sin\omega t\} \end{aligned}$$

である．初期値として，ばねを $x = a$〔m〕まで伸ばして静かに放したとすれば，$x(0) = a$，$v(0) = 0$ であるので

$$x = ae^{-\gamma t}\left(\cos\omega t + \frac{\gamma}{\omega}\sin\omega t\right)$$

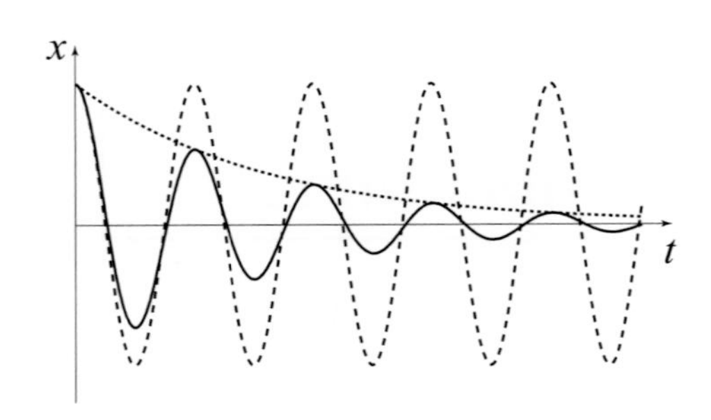

図 5.31: $\gamma < \omega_0$（消衰振動）のときのおもりの動き（実線）および抵抗のない単振動のとき（破線）との比較

となる．抵抗力のない単振動 $x = a\cos\omega_0 t$ と比較して図示すれば，図 5.31 のようになる．振幅は $e^{-\gamma t}$ のように指数関数的に減少し，$\omega < \omega_0$ であるので振動の周期はやや長くなる．これを **消衰振動** という．

(b) 過減衰 $\gamma > \omega_0$ のとき

抵抗力が大きいときに対応する．$\gamma^2 - \omega_0^2$ が正であるので，

$$\lambda = -\gamma \pm \sqrt{\gamma^2 - \omega_0^2} = -\Gamma_\pm$$

ただし，$\Gamma_\pm > 0$ である．この条件で方程式の一般解を求めれば，

$$x = C_+ e^{-\Gamma_+ t} + C_- e^{-\Gamma_- t} \quad 〔\mathrm{m}〕 \tag{5.52}$$

となり，2 つの指数関数的減衰の重ね合わせとなる．

(a) と同様な初期条件を適用すれば，

$$x = \frac{a}{\Gamma_- - \Gamma_+}(\Gamma_- e^{-\Gamma_+ t} - \Gamma_+ e^{-\Gamma_- t})$$

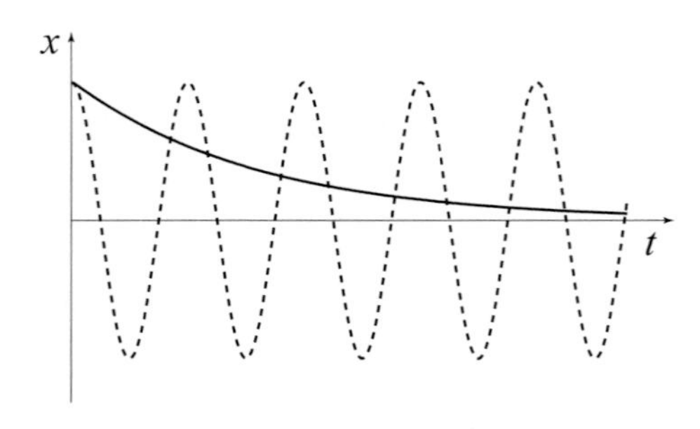

図 5.32: $\gamma > \omega_0$（過減衰）のときのおもりの動き（実線）および抵抗のない単振動のとき（破線）との比較

となる．これを図示すれば，図 5-32 のようになり，振動は全く現れない．これを **過減衰** という．

(c) 臨界減衰 $\gamma = \omega_0$ のとき

抵抗力がある特別な値のときに対応する．$\gamma = \omega_0$ なので，$\lambda = -\gamma$ の重根となる．この解 $x = Ce^{-\gamma t}$ だけでは任意の初期条件に対応できないので，他の解を探す必要がある．そこで，$x = B(t)e^{-\gamma t}$ として (5.48) 式に代入し，$\gamma = \omega_0$ も計算に入れると，

$$\left[\left\{\frac{\mathrm{d}^2 B}{\mathrm{d}t^2} - 2\gamma\frac{\mathrm{d}B}{\mathrm{d}t} + \gamma^2 B\right\} + 2\gamma\left(\frac{\mathrm{d}B}{\mathrm{d}t} - \gamma B\right) + \gamma^2 B\right] e^{-\gamma t} = 0$$

となる．この〔 〕内を計算すれば，$\dfrac{\mathrm{d}^2 B}{\mathrm{d}t^2} = 0$ となり，$B(t) = C_0 + C_1 t$ が得られる．ただし，C_1 および C_2 は定数である．したがって一般解は，

$$x = (C_0 + C_1 t)e^{-\gamma t} \quad 〔\mathrm{m}〕 \tag{5.53}$$

と得られる．(a)，(b) と同じ初期条件を適用すれば，

$$x = a(\gamma t + 1)e^{-\gamma t} \tag{5.54}$$

となる．これを，(b) の過減衰と比較して示したのが，図 5.33 である．この指数関数的な運動を **臨界減衰** というが，$\gamma = \omega_0$ のときに起きるこの減衰が，γ がさらに大きい過減衰と比較して最も速く運動が止まることは非常に興味深い．

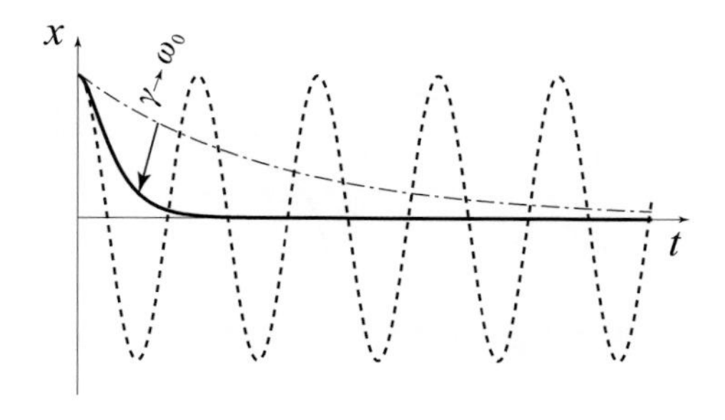

図 5.33: 臨界減衰と過減衰の比較

5.7 強制振動

上述の減衰振動と関連して，強制振動について述べる．摩擦力などの非保存力が力学的エネルギーを散逸させるのに対し，力学的エネルギーを増加させるには何らかの外力を質点に加えることが必要である．例えば振動運動について，子供の乗るブランコを

親が押すことを考えてみる．タイミングよく押せば，ブランコの振動はどんどん大きくなっていくが，押し方によってはブランコの振動を素早く止めてしまうこともできる．

減衰のない強制振動

振動するばねや振り子に，ある周期を持つ外力を加えるときの振動運動のことを **強制振動** という．ここでは，最も簡単な例として，ばね定数 k〔N/s〕のばねに質量 m〔kg〕のおもりをつけた普通の単振動のおもりに，$F = F_0 \cos \omega t$〔N〕の周期的な外力を加えた場合を考える．このときのおもりの運動方程式は，

$$m\frac{d^2x}{dt^2} = -kx + F_0 \cos \omega t \tag{5.55}$$

と書ける．このような方程式を，**非斉次方程式** あるいは **非同次方程式** という．

ここではまず，その特解について論じる．(5-54) 式で，ばねの固有振動数 $\omega_0 = \sqrt{\dfrac{k}{m}}$ および $f_0 = \dfrac{F_0}{m}$ とおけば，

$$\frac{\mathrm{d}^2x}{\mathrm{d}t^2} + \omega_0^2 x = f_0 \cos \omega t \tag{5.56}$$

と書き直すことができる．この微分方程式の特解を $x = a\cos\omega t$ と仮定して (5.48) 式に代入すると，振幅 a として，

$$a = \frac{f_0}{\omega_0^2 - \omega^2} \tag{5.57}$$

が得られる．これを図示すると図 5.34 のようになる．

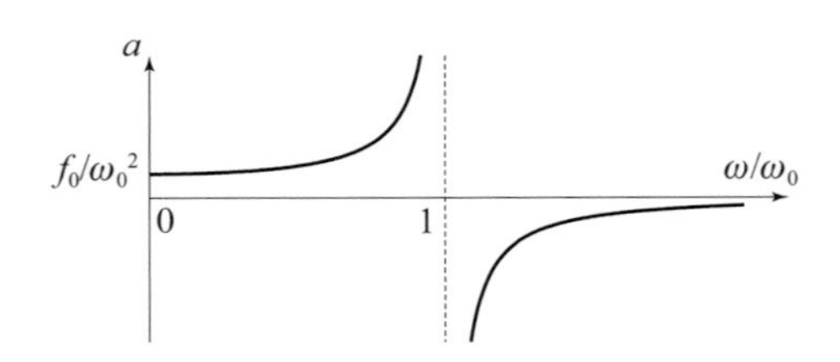

図 5.34: 強制振動の特解の振幅 a の，外力の振動数 ω による変化

外力の振動がゆっくりとしている，すなわち ω が ω_0 より十分に小さければ，振幅は $\dfrac{f_0}{\omega_0^2}$ とほぼ等しい．しかしながら，ω が ω_0 に近づくと a は著しく増大し，外力によって大きな振動が誘発される．この現象を，**共鳴** あるいは **共振** という．ω が ω_0 より大きくなると，a は負となる，すなわち外力の振動とは逆向きの大きな振動が起こるようになる．ω が ω_0 に比べて十分に大きくなると，a は 0 に近づいていく，すなわちあまりにも速い振動の外力では，それによる振動は誘起されなくなることがわかる．

(5.55) 式の一般解は，通常の振動の解と上記の特解を重ね合わせたものとなり，

$$x = A\sin\omega_0 t + B\cos\omega_0 t + \frac{f_0}{\omega_0^2 - \omega^2}\cos\omega t \tag{5.58}$$

と表すことができる．これでと同じ初期条件，$x(0) = a$〔m〕，$v(0) = 0$ m/s とすれば，

$$x = a\cos\omega_0 t + \frac{f_0}{\omega_0^2 - \omega^2}(\cos\omega t - \cos\omega_0 t)$$

となる．振動が共鳴しているとき，すなわち $\omega \to \omega_0$ の極限をとれば，少し計算は複雑ではあるが最終的に，

$$x = a\cos\omega_0 t + \frac{f_0 t}{2\omega_0}\sin\omega_0 t \tag{5.59}$$

となり，外力によって振幅が t に比例して増大することがわかる．

減衰のある強制振動

減衰のある，すなわち抵抗力が振動に加わる場合には，(5.55) 式に (5.47) 式のような抵抗力を加える必要かあり，運動方程式は，

$$m\frac{d^2x}{dt^2} = -kx - bv + F_0\cos\omega t \tag{5.60}$$

となる．この式をこれまでと同じように，ω_0，γ および f_0 を用いて書き直せば，

$$\frac{d^2x}{dt^2} + 2\gamma\frac{dx}{dt} + \omega_0^2 x = f_0\cos\omega t \tag{5.61}$$

となる．この微分方程式の解は，減衰振動について γ の大きさによって異なる 3 つの一般解 (5.51)，(5.52) および (5.53) 式にこれから求める特解を加えたものとなる．方程式には t について 1 階と 2 階の微分が含まれているので，$x = C_1\cos\omega t + C_2\sin\omega t$ と解を仮定して代入すると，

$$\{(\omega^2 - \omega_0^2)C_1 - 2\gamma\omega C_2 + f_0\}\cos\omega t + \{2\gamma\omega C_1 + (\omega^2 - \omega_0^2)C_2\}\sin\omega t = 0$$

となる．$\cos\omega t$ と $\sin\omega t$ の係数がいずれも 0 となればよいので，

$$x = \frac{f_0}{(\omega^2 - \omega_0^2)^2 + (2\gamma\omega)^2}\{-(\omega^2 - \omega_0^2)\cos\omega t + 2\gamma\omega\sin\omega t\} \tag{5.62}$$

が得られる．{ } 内を $A\cos(\omega t - \phi)$ の形で書き直せば，

$$x = \frac{f_0}{\sqrt{(\omega^2 - \omega_0^2)^2 + (2\gamma\omega)^2}}\cos(\omega t - \phi) \tag{5.63}$$

となり，特解は角振動数 ω の単振動を示している．ここで，

$$\cos\phi = -\frac{\omega^2 - \omega_0^2}{\sqrt{(\omega^2 - \omega_0^2)^2 + (2\gamma\omega)^2}}, \quad \sin\phi = \frac{2\gamma\omega}{\sqrt{(\omega^2 - \omega_0^2)^2 + (2\gamma\omega)^2}} \tag{5.64}$$

である．

その振幅を図 5.35 のように示すことができる．減衰項が運動方程式に含まれるので，$\omega \sim \omega_0$ で発散はしないが，$\dfrac{\gamma}{\omega_0}$ が小さいと $\omega \sim \omega_0$ 付近で共鳴現象をみることができ

る．抵抗力が大きく，すなわち $\dfrac{\gamma}{\omega_0}$ が大きくなると，共鳴ピークが小さくなるとともに，ピーク位置が ω の小さい側にシフトする．共鳴を起こすのは $(\omega^2-\omega_0^2)^2+(2\gamma\omega)^2$ が最小となる ω で，$\omega=\sqrt{\omega_0^2-2\gamma^2}$ でピークは最大を示す．$\dfrac{\gamma}{\omega_0}>\dfrac{1}{\sqrt{2}}$ となると，もはや共鳴ピークをみることはできなくなる．

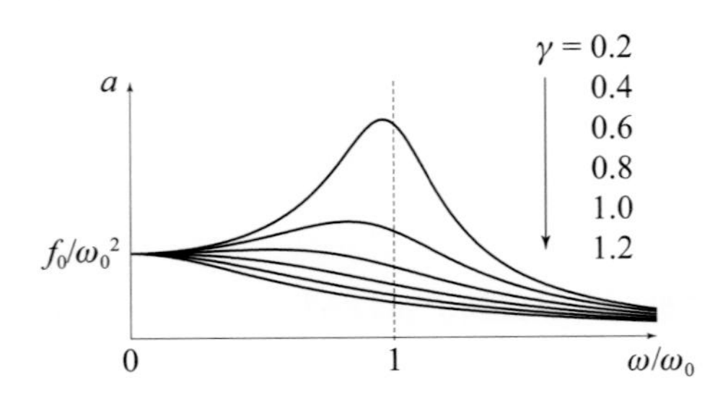

図 5.35: 減衰のある強制振動の特解の振幅の，外力の振動数による変化

ϕ は，加える力の振動と質点に生じる振動の位相差を示している．抵抗力がないときには $\gamma=0$ であるので，(5.64) 式に代入すれば，前述のように $\omega=\omega_0$ で ϕ は 0 から $\dfrac{\pi}{2}$ へ突然変化する．抵抗力のある場合にはその影響で ϕ は徐々に変化することが (5.64) 式よりわかる．すなわち，$\omega\sim 0$ では $\cos\phi=1$，$\sin\phi=0$ となって $\phi=0$ と位相の遅れは見られないが，$\omega=\omega_0$ では $\cos\phi=0$，$\sin\phi=1$ となり $\phi=\dfrac{\pi}{2}$，$\omega\to\infty$ では $\cos\phi=-1$，$\sin\phi=0$ となって $\phi=\pi$ となり，外力の振動と質点の動きが逆位相となる．

最後にこの減衰を伴う強制振動のエネルギーの変化を求める．(5.60) 式に $v=\dfrac{\mathrm{d}x}{\mathrm{d}t}$ を両辺にかけると，

$$mv\frac{\mathrm{d}v}{\mathrm{d}t}+kx\frac{\mathrm{d}x}{\mathrm{d}t}=-bv^2+F_0\cos\omega t\cdot v \tag{5.65}$$

したがって，

$$\frac{\mathrm{d}}{\mathrm{d}t}\left(\frac{1}{2}mv^2+\frac{1}{2}kx^2\right)=-bv^2+F_0\cos\omega t\cdot v \tag{5.66}$$

この式の左辺は力学的エネルギーの時間変化を，右辺の第1項は抵抗力による力学的エネルギーの散逸の割合，第2項は強制振動を起こすための外力によって生じた仕事率を示す．

ここで，振動を始めてから十分な時間が経ったとすると，一般解 (5.51)，(5.52) および (5.53) 式で表される振動は十分に減衰し，(5.63) 式で表される強制振動の特解のみがおもりの振動を記述している．ここで，

$$v=-\frac{f_0\omega}{\sqrt{(\omega^2-\omega_0^2)^2+(2\gamma\omega)^2}}\sin(\omega t-\phi)$$

であるので，抵抗力による仕事率 w_r および外力による仕事率 w_f について，外力の単位周期 $T=\dfrac{2\pi}{\omega}$ にわたっての平均値 $\overline{w}_r$ および $\overline{w}_f$ を計算する．まず，

$$\overline{w}_r=\frac{1}{T}\int_0^T(-2m\gamma)v^2\mathrm{d}t=-\frac{1}{T}\frac{2m\gamma f_0^2\omega^2}{(\omega^2-\omega_0^2)^2+(2\gamma\omega)^2}\int_0^T\sin^2(\omega t-\phi)\mathrm{d}t$$

ここで，

$$\int_0^T\sin^2(\omega t-\phi)\mathrm{d}t=\left[\frac{1}{\omega}\left\{\frac{\omega t-\phi}{2}-\frac{1}{4}\sin 2(\omega t-\phi)\right\}\right]_0^T=\frac{T}{2}$$

なので，

$$\overline{w}_r=-\frac{m\gamma f_0^2\omega^2}{(\omega^2-\omega_0^2)^2+(2\gamma\omega)^2}\quad\text{〔J〕}$$

である．一方，

$$\overline{w}_f=\frac{1}{T}\int_0^T mf_0v\cos\omega t\mathrm{d}t=-\frac{1}{T}\frac{mf_0^2\omega}{\sqrt{(\omega^2-\omega_0^2)^2+(2\gamma\omega)^2}}\int_0^T\sin(\omega t-\phi)\cos\omega t\mathrm{d}t$$

ここで，

$$\begin{aligned}\sin(\omega t-\phi)\cos\omega t &= \sin\omega t\cos\omega t\cos\phi-\cos^2\omega t\sin\phi\\ &= \frac{1}{2}\sin 2\omega t\cos\phi-\frac{1+\cos 2\omega t}{2}\sin\phi\end{aligned}$$

なので，

$$\begin{aligned}\int_0^T\sin(\omega t-\phi)\cos\omega t\mathrm{d}t &= \left[-\frac{1}{4\omega}\cos\phi\cos 2\omega t-\frac{1}{2}\sin\phi\cdot t-\frac{1}{4\omega}\sin\phi\sin 2\omega t\right]_0^T\\ &= -\frac{T}{2}\sin\phi\end{aligned}$$

である．したがって，

$$\begin{aligned}\overline{w}_f &= \frac{1}{2}\frac{mf_0^2\omega}{\sqrt{(\omega^2-\omega_0^2)^2+(2\gamma\omega)^2}}\sin\phi\\ &= \frac{1}{2}\frac{mf_0^2\omega}{\sqrt{(\omega^2-\omega_0^2)^2+(2\gamma\omega)^2}}\cdot\frac{2\gamma\omega}{\sqrt{(\omega^2-\omega_0^2)^2+(2\gamma\omega)^2}}\\ &= \frac{m\gamma f_0^2\omega^2}{(\omega^2-\omega_0^2)^2+(2\gamma\omega)^2}\quad\text{〔J〕}\end{aligned}$$

したがって，$\overline{w}_f=-\overline{w}_r$ となり，抵抗力で失う仕事と強制振動を起こす力が加える仕事とつりあっており，その結果，強制振動は (5.63) 式で示すように振幅の変化しない単振動をする．

第6章　質点系の運動

これまでは，物体を 1 つの質点と考え，その質量がそこに集中すると仮定し，その位置，速度あるいは加速度を運動と考えてきた．この章からは，物体が複数存在する，質点系の運動を考える．

6.1　運動量と力積

同じ運動をしていても質量が異なれば，違った運動をしている．例えば，子供と力士が同じ速度でぶつかってきてもその破壊力は大きく異なる．それを表す新しい物理量が運動量である．

運動量

質量 m〔kg〕，速度 $\vec{v}$〔m/s〕が異なった物体の運動の違いを示すために，運動の勢いを示す量として **運動量ベクトル**，

$$\vec{p} = m\vec{v} \tag{6.1}$$

を定義する．単位は〔kgm/s〕である．運動量を用いて運動方程式を示すと，

$$\frac{\mathrm{d}\vec{p}}{\mathrm{d}t} = \vec{F} \tag{6.2}$$

となる．したがって，運動量の時間変化は力に等しいことを示している．これまでは，m は変化しないことを前提に運動を考えてきたけれども，m が変化しても (6.2) 式を用いれば運動を導くことができる．

運動量の変化と力積

(6.2) 式から時刻 t_1〔s〕から t_2〔s〕まで時間による定積分を計算して，その間の運動量の変化を求めれば，

$$\vec{p}(t_2) - \vec{p}(t_1) = \int_{t_1}^{t_2} \vec{F}(t)\mathrm{d}t \tag{6.3}$$

と書くことができる．この式の右辺を **力積** という．物体の運動量の変化は力積に等しい．大きな力でも短時間加わるだけならばその効果は小さく，小さな力でも長時間働けば運動量は大きく変化する．力積の単位は〔kgm/s^2×s〕=〔kgm/s〕となり，もちろん運動量に一致する．

似た量として前章で取り扱った運動エネルギーが挙げられるが，運動エネルギーを変化させるものは仕事＝力 × 距離であるのに対し，運動量を変化させるものは力積＝力 × 時間であることに大きな違いがある．

例題 6-1.　静止した重さ 144 g の野球のボールをバットで打つと，126 km/h で水平に飛び出した．バットとボールが接触している時間を 5.0×10^{-3} s と仮定すれば，バットからボールにかかる力の平均 $\overline{F}$ は何 N か．

解　ボールの衝突前後の速さはそれぞれ 0 および $\dfrac{126\times10^3}{60\times60}=35$ m/s なので，運動量の変化と力積の関係より，

$$
\begin{aligned}
0.144\times35-0.144\times0 &= \overline{F}\times5.0\times10^{-3}\\
\overline{F} &= \frac{0.144\times35}{5.0\times10^{-3}}=1.0\times10^3 \quad \mathrm{N}
\end{aligned}
$$

衝突

力積が運動に与える効果を考えることは，物体の衝突のときに特に意味がある．図 6.1 のように，質量 m〔kg〕の物体が，(a) 速度 $\vec{v}_0$〔m/s〕で壁に向かい，(b) 垂直に衝突して，(c) 速度 $\vec{v}$〔m/s〕ではね返る場合と考える．衝突した瞬間の短時間 Δt〔s〕に反発力 $\vec{F}$〔N〕が働くと通常は仮定するであろうが，厳密には時間によって力の大きさは変化するから，運動方程式を解いてこの物体の運動を考えることは簡単ではない．

ただ，運動量の変化を考えれば，ある程度の運動のようすを知ることができる．壁から離れたところで力学的エネルギーを考えると，ポテンシャル・エネルギーは 0 J なので，運動エネルギーだけを考えればよい．もしも，この衝突によって力学的エネルギーを失われることがなければ，

$$
\frac{1}{2}mv^2=\frac{1}{2}mv_0^2
$$

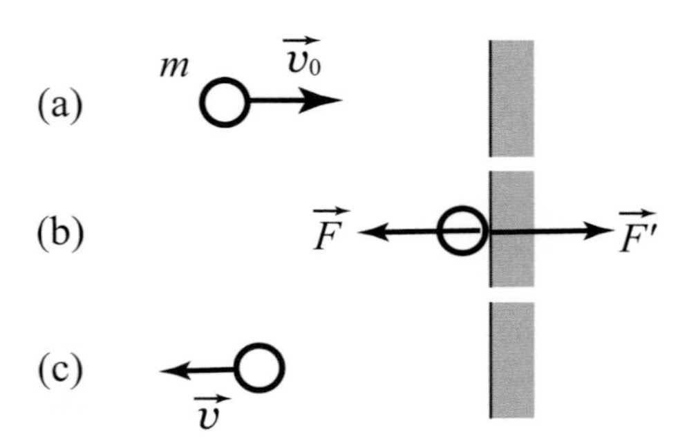

図 6.1: 物体と壁の衝突．$\vec{F}$ は壁が物体を押す力，$\vec{F}'$ は物体が壁を押す力．

すなわち，

$$v = v_0$$

となり，速さは変化しないが，方向は逆になる．このような衝突を**弾性衝突**と呼び，はね返り係数は，

$$e = \frac{v}{v_0} = 1$$

となる．ここで運動量は $p = mv$ から $p' = -mv$ になるので，運動量の変化は，

$$p' - p = -2mv \quad 〔\mathrm{kgm/s}〕 \tag{6.4}$$

となり，それに対応する力積が壁から小球に加えられたことになる．

実際の衝突では，衝突による物体や壁が変形し，そのため摩擦力などが働くため，衝突によって力学的エネルギーは保存せず，

$$e = \frac{v}{v_0} < 1$$

となる．このような衝突を**非弾性衝突**と呼ぶ．

ここで注意したいのは，作用・反作用の法則により，壁から小球に (6.4) 式の力積が加わったことは，物体から壁へ同じ大きさで逆向きの力積が加わったことを意味する．したがって，物体と壁を合わせた運動量の変化は常に 0 であり，それは弾性衝突でも非弾性衝突でも同じである．

例題 6-2.　質量 m〔kg〕の小球を水平な床から高さ h〔m〕から静かに放して落下させたところ，小球は床に衝突して垂直にはね上がった．小球と床のはね返り係数を e とすれば，小球はどの高さまではね上がるか．また，衝突によって失われる力学的エネルギーはいくらか．

解　床に衝突する直前の小球の速さを v〔m/s〕とすれば，力学的エネルギーの保存則より，

$$\frac{1}{2}mv^2 = mgh \text{ したがって，} v = \sqrt{2gh}$$

衝突直後の小球の速さを v' とすれば，

$$v' = ev = e\sqrt{2gh}$$

衝突後に小球が達する高さを h' とすれば，力学的エネルギーの保存則により，

$$\frac{1}{2}mv'^2 = mgh' \text{ したがって，} h' = v'/2g = e^2h$$

失われる力学的エネルギーは，ポテンシャル・エネルギーより

$$mgh - mgh' = (1 - e^2)mgh \quad 〔\mathrm{J}〕$$

あるいは，運動エネルギーより，

$$\frac{1}{2}mv^2 - \frac{1}{2}mv'^2 = \frac{1}{2}m(v^2 - v'^2) = (1-e^2)\frac{1}{2}mv^2 = (1-e^2)mgh \quad \text{〔J〕}$$

となり，同じである．

6.2　質点系の運動

質点が複数ある場合，それらに働く力を，質点の間に働く力（内力）と，何かその質点系の外部から働く力（外力）とに区別する．簡単な例を示すと，質点系を地球と月の2つと考えれば，地球と月の間に働く万有引力は内力であり，その外側にある太陽が地球や月に及ぼす万有引力が外力である．

全運動量の保存則

図6.2のように質量 m_1，m_2，m_3，… 〔kg〕の質点の位置ベクトルを $\vec{r}_1$，$\vec{r}_2$，$\vec{r}_3$，… 〔m〕，速度を $\vec{v}_1$，$\vec{v}_2$，$\vec{v}_3$，… 〔m/s〕とすると，i 番目の質点の運動量は $\vec{p}_i = m_i\vec{v}_i$ 〔kgm/s〕である．それが質点 k から受ける内力を $\vec{f}_{ik}$ 〔N〕，外力を $\vec{F}_i$ 〔N〕とすれば，質点 i の運動方程式は，

$$\frac{\mathrm{d}\vec{p}_i}{\mathrm{d}t} = \vec{F}_i + \sum_{k \neq i} \vec{f}_{ik} \tag{6.5}$$

で与えられる．ここでこの質点系の**全運動量**を

$$\vec{P} = \sum_i \vec{p}_i = \sum_i m_i\vec{v}_i = \sum_i m_i \frac{\mathrm{d}\vec{r}_i}{\mathrm{d}t} \tag{6.6}$$

とすれば，その時間微分は，

$$\frac{\mathrm{d}\vec{P}}{\mathrm{d}t} = \sum_i \vec{F}_i + \sum_i \sum_{k \neq i} \vec{f}_{ik}$$

である．ここで，その右辺第2項では，内力 $\vec{f}_{ik}$ とは必ずペアで内力 $\vec{f}_{ki}$ が存在し，作用・反作用の法則により必ず，

$$\vec{f}_{ik} + \vec{f}_{ki} = 0$$

となる．このペアは全ての内力に存在するので，結果として内力の総和は常に0となる．したがって，質点系の運動方程式は，

$$\frac{\mathrm{d}\vec{P}}{\mathrm{d}t} = \sum_i \vec{F}_i \quad \text{〔kgm/s}^2\text{〕} \tag{6.7}$$

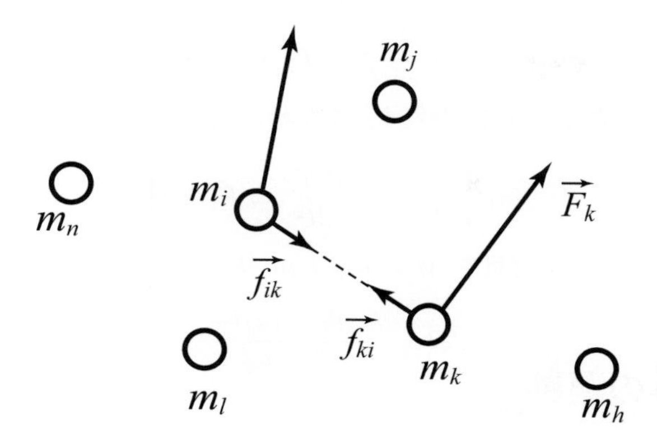

図 6.2: 質点系に働く内力 $\vec{f}_{ik}$ と外力 $\vec{F}_i$.

と表すことができる．すなわち，「全運動量の時間変化は外力の和に等しく，内力には関係しない.」ことになる．

この特別な場合として，外力が全くない $\vec{F}_i = 0$ のとき（孤立系という），あるいは外力の和が何らかの理由で常に 0 のときには，質点系の全運動量は常に一定に保たれる．このような特別な状態のときに，**全運動量の保存則**が成り立つ．

例題 6-3　静止している質量 M〔kg〕の物体に，質量 m〔kg〕の物体が速さ v〔m/s〕で飛んできて刺さった．合体した物体が動き出す速さ v'〔m/s〕を求めよ．また力学的エネルギーの変化を求めよ．

解　運動量保存の法則により，

$$mv = (M+m)v' \quad \text{したがって,} \quad v' = \frac{mv}{(M+m)} \qquad \text{〔m/s〕}$$

力学的エネルギーは運動エネルギーのみを考えればよいので，衝突前後の力学的エネルギーの差は，

$$\frac{1}{2}(M+m)v'^2 - \frac{1}{2}mv^2 = \frac{1}{2}(M+m)\left[\frac{m}{M+m}\right]^2 v^2 - \frac{1}{2}mv^2 = -\frac{1}{2}\frac{Mm}{M+m}v^2 \qquad \text{〔J〕}$$

であり，この量だけ力学的エネルギーは減少する．$\dfrac{Mm}{M+m}$ の意味はすぐに明らかになる．

重心運動

ここでは，まず 2 質点（2 体）の運動を考える．質点 1 および 2 の運動方程式は，

$$m_1\frac{\mathrm{d}^2\vec{r}_1}{\mathrm{d}t^2} = \vec{F}_1 + \vec{f}_{12} \tag{6.8}$$

$$m_2\frac{\mathrm{d}^2\vec{r}_2}{\mathrm{d}t^2}=\vec{F}_2+\vec{f}_{21} \tag{6.9}$$

式(6.6)を用いて運動方程式(6.7)を表す，すなわち，式(6.8)と(6.9)の和を計算すれば，

$$m_1\frac{\mathrm{d}^2\vec{r}_1}{\mathrm{d}t^2}+m_2\frac{\mathrm{d}^2\vec{r}_2}{\mathrm{d}t^2}=\vec{F}_1+\vec{F}_2$$

である．ここでこの系の全質量を $M=m_1+m_2$ とし，

$$\vec{R}=\frac{m_1\vec{r}_1+m_2\vec{r}_2}{m_1+m_2} \tag{6.10}$$

とおけば，1質点のような簡単な運動方程式，

$$M\frac{\mathrm{d}^2\vec{R}}{\mathrm{d}t^2}=\vec{F} \tag{6.11}$$

と書くことができる．ただし $\vec{F}=\vec{F}_1+\vec{F}_2$ は外力の総和である．このとき，ベクトル $\vec{R}$ で示される点を質点系の**重心**と呼び，(6.11)式を**重心の運動方程式**と呼ぶ．

この考えは，質点の数が3以上に増加しても成り立つ．すなわち，多数の質点の全質量，重心の位置ベクトル，外力の和をそれぞれ，

$$\begin{aligned} M &= \sum_i m_i \\ \vec{R} &= \frac{\sum_i m_i\vec{r}_i}{\sum_i m_i} \\ \vec{F} &= \sum_i \vec{F}_i \end{aligned}$$

とおけば，重心の運動方程式である(6.11)式がそのまま成り立つ．

相対運動

ここでは，再び2質点（2体）の運動を考え，$\vec{F}_i$〔N〕は全て0とする．すなわち，孤立系の2体運動を考える．(6.8)式に $\dfrac{1}{m_1}$ をかけたものから(6.9)式に $\dfrac{1}{m_2}$ をかけたものの差をとれば，

$$\frac{\mathrm{d}^2}{\mathrm{d}t^2}(\vec{r}_1-\vec{r}_2)=(\frac{1}{m_1}+\frac{1}{m_2})\vec{f}_{12}$$

ここで，質点2を基準とした質点1の相対位置ベクトル

$$\vec{r}=\vec{r}_1-\vec{r}_2 \tag{6.12}$$

と定義し，

$$\mu=\frac{1}{\frac{1}{m_1}+\frac{1}{m_2}}=\frac{m_1m_2}{m_1+m_2} \tag{6.13}$$

とすれば，

$$\mu\frac{\mathrm{d}^2}{\mathrm{d}t^2}(\vec{r}_1-\vec{r}_2)=\vec{f}_{12}$$

となる．一般的に物体間に働く内力は，相対位置ベクトル $\vec{r}$ だけに依存するので，

$$\vec{f}_{12} = \vec{f}(\vec{r}_1 - \vec{r}_2) = \vec{f}(\vec{r})$$

と書ける．これらをまとめると，

$$\mu \frac{d^2\vec{r}}{dt^2} = \vec{f}(\vec{r}) \qquad (6.14)$$

となる．これは 2 物体間の**相対運動の運動方程式**が得られたことになる．ここで μ は 1 質点系の場合の質量にあたり，相対運動の**換算質量**という．例題 6-3 の $\dfrac{Mm}{M+m}$〔N〕は換算質量のことであった．

ここで，換算質量についての特別な場合を述べる．例えば，2 つの質点の質量が同じ，すなわち，$m_1 = m_2 = m$ とすれば，

$$\mu = \frac{m^2}{m+m} = \frac{m}{2} \qquad 〔\mathrm{kg}〕$$

となる．したがって，同じ体重の人がお互いを回転させようとすれば，半分の質量の質点を回転させる向心力でよい．また，地球と太陽のように質量が大きく異なる場合，すなわち $m_1 \ll m_2$ とすれば，

$$\mu = \frac{m_1 m_2}{m_1 + m_2} \sim \frac{m_1 m_2}{m_2} = m_1 \qquad 〔\mathrm{kg}〕$$

となる．したがって，太陽は静止し，質量 m_1 の地球を公転させている，と考えて実質的な問題は起こらない．

例題 6-4　質量が無視できるばね定数 k〔N/m〕，自然長 l〔m〕のばねの両端にそれぞれ質量 m〔kg〕のおもりをつけ，一方を持って静かにつり下げたのち，手を放した．2 個のおもりはどのような運動をするか．

解　つり下げたときの下側のおもりを 1，上側のおもりを 2 とし，おもり 1 の位置を原点として鉛直下向きに x 軸をとる．おもり 1，2 の運動方程式はそれぞれ，

$$m\frac{\mathrm{d}^2 x_1}{\mathrm{d}t^2} = -k(x_1 - x_2 - l) + mg \qquad (a)$$

$$m\frac{\mathrm{d}^2 x_2}{\mathrm{d}t^2} = k(x_1 - x_2 - l) + mg \qquad (b)$$

となる．まず，その重心の座標 $X = \frac{1}{2}(x_1 + x_2)$ の運動を求めようとすれば，(a)+(b) より，

$$2m\frac{\mathrm{d}^2 X}{\mathrm{d}t^2} = 2mg$$

なので，これは単純な自由落下運動を示している．おもり間の相対座標 $x = x_1 - x_2$ の運動を求めようとすれば，(a)-(b) より，

$$m\frac{\mathrm{d}^2 x}{\mathrm{d}t^2} = -2k(x - l)$$

である．$u = x - l$ と置き換えれば，

$$m\frac{\mathrm{d}^2 u}{\mathrm{d}t^2} = -2ku$$

となり，これは固有角振動数 $\omega = \sqrt{\dfrac{2k}{m}}$〔rad/s〕の単振動をすることがわかる．したがって，このおもりの位置は，重心の自由落下運動と相対座標の単振動を組み合わせた運動になる．

力学的エネルギー

(6.10) 式と (6.12) 式より，2 質点の位置 $\vec{r}_1$〔m〕および $\vec{r}_2$〔m〕を重心座標 $\vec{R}$〔m〕と相対座標 $\vec{r}$〔m〕で表すと，

$$\vec{r}_1 = \vec{R} + \frac{m_2}{m_1 + m_2}\vec{r}$$
$$\vec{r}_2 = \vec{R} - \frac{m_1}{m_1 + m_2}\vec{r}$$

となる．これを時間で微分すると，重心運動および相対運動の速度をそれぞれ，$\vec{V} = \dfrac{\mathrm{d}\vec{R}}{\mathrm{d}t}$〔m/s〕，$v = \dfrac{\mathrm{d}\vec{r}}{\mathrm{d}t}$〔m/s〕として，

$$\vec{v}_1 = \vec{V} + \frac{m_2}{m_1 + m_2}\vec{v}$$
$$\vec{v}_2 = \vec{V} - \frac{m_1}{m_1 + m_2}\vec{v}$$

が得られる．したがって，2 質点の運動エネルギーの和は，

$$\begin{aligned}
\frac{1}{2}m_1 v_1^2 + \frac{1}{2}m_2 v_2^2 \quad &= \quad \frac{1}{2}m_1|\vec{V} + \frac{m_2}{m_1 + m_2}\vec{v}|^2 + \frac{1}{2}m_2|\vec{V} - \frac{m_1}{m_1 + m_2}\vec{v}|^2 \\
= \frac{1}{2}(m_1 + m_2)V^2 \quad &+ \quad \frac{m_1 m_2}{m_1 + m_2}\vec{V}\cdot\vec{v} - \frac{m_1 m_2}{m_1 + m_2}\vec{V}\cdot\vec{v} + \frac{1}{2}\frac{m_1 m_2}{m_1 + m_2}v^2 \\
&= \quad \frac{1}{2}MV^2 + \frac{1}{2}\mu v^2 \qquad (6.15)
\end{aligned}$$

となり，**全運動エネルギーは重心運動と相対運動の運動エネルギーの和に等しい**．

ここで外力が 0 である孤立系を考えると，重心運動は (6.11) 式より加速度が 0 であるので，$\vec{V}$ は一定である．すなわち，運動エネルギーも時間変化せず一定である．相対運動の運動方程式 (6.14) で示される力 $\vec{f}(\vec{r})$ は方向がお互いの座標を結ぶ $\vec{r}$ と同じ中心力であるとすれば，先に示したように力 $\vec{f}(\vec{r})$ は保存力であり，

$$\vec{f}(\vec{r}) = -\nabla U(\vec{r}) \quad〔\mathrm{N}〕$$

となる，ポテンシャル $U(\vec{r})$ が存在する．この場合には，1 質点系と同じく，力学的エネルギーの保存則，

$$\frac{1}{2}\mu v^2 + U(\vec{r}) = 一定$$

あるいは，

$$\frac{1}{2}m_1 v_1^2 + \frac{1}{2}m_2 v_2^2 + U(\vec{r}) = 一定$$

が成り立つ．

直線上の 2 質点の衝突

図 6.3 のように，直線上（一次元）で衝突する 2 質点の運動を考える．質点 1，2 の質量を m_1〔kg〕，m_2〔kg〕，衝突前の速度を v_1〔m/s〕，v_2〔m/s〕，衝突後の速度を v_1'〔m/s〕，v_2'〔m/s〕とすれば，どのような衝突であっても，運動量の保存則が成り立ち，

$$m_1 v_1 + m_2 v_2 = m_1 v_1' + m_2 v_2'$$

である．2 質点の運動を重心運動と相対運動に分けると，衝突前は

$$V = \frac{m_1 v_1 + m_2 v_2}{m_1 + m_2} \quad 〔m/s〕$$
$$v = v_1 - v_2 \quad 〔m/s〕$$

同じように，衝突後のそれぞれの速度を V'〔m/s〕，v'〔m/s〕とすれば，

$$V' = \frac{m_1 v_1' + m_2 v_2'}{m_1 + m_2} = \frac{m_1 v_1 + m_2 v_2}{m_1 + m_2} = V$$

となり，重心速度は衝突によって変化することはない．

ここで，もし衝突が力学的エネルギーの変化しない弾性衝突であれば，力学的エネルギーの保存則により，(6.15) 式を用いれば，重心運動の運動エネルギーが変化しないので，相対運動の運動エネルギーも変化せず，

$$\frac{1}{2}\mu v^2 = \frac{1}{2}\mu v'^2$$

すなわち，

$$v = v'$$

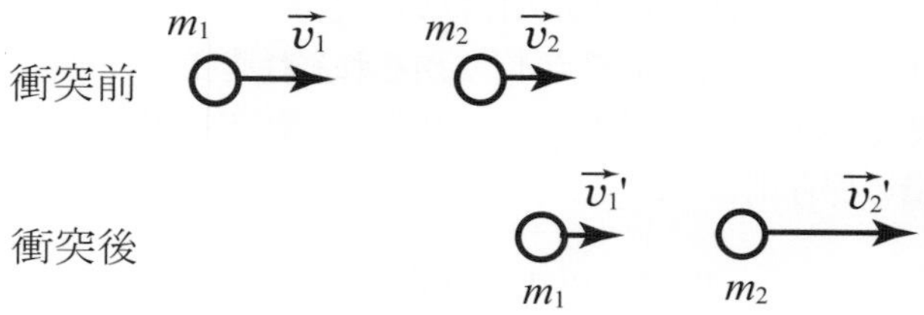

衝突前 m_1 $\vec{v}_1$ m_2 $\vec{v}_2$

衝突後 $\vec{v}_1{}'$ $\vec{v}_2{}'$ m_1 m_2

図 6.3: 直線上を運動する 2 質点の衝突

となり，相対運動の速さは変化しない．一次元の弾性衝突であれば，一般的には相対運動の速度の向きが反転することになる．

例題6-5　直線上をそれぞれ速度 v_1〔m/s〕，v_2〔m/s〕で運動する質量 m_1〔kg〕，m_2〔kg〕の質点1，2がある．これらが弾性衝突した後の速度を求めよ．特に i) $m_1 = m_2$，ii) $m_1 \gg m_2$ の場合にはどのようになるか．

解　衝突後の質点1，2の速度をそれぞれ v_1'〔m/s〕，v_2'〔m/s〕とすれば，運動量の保存則より，

$$m_1 v_1 + m_2 v_2 = m_1 v_1' + m_2 v_2' \qquad (a)$$

弾性衝突のときの相対速度の変化の条件より，

$$v_1 - v_2 = v_2' - v_1' \qquad (b)$$

式 (b) より，$v_2' = v_1 - v_2 + v_1'$ なのでこれを式 (a) に代入すれば，

$$\begin{aligned} m_1 v_1 + m_2 v_2 &= m_1 v_1' + m_2 (v_1 - v_2 + v_1') \\ &= (m_1 + m_2) v_1' + m_2 (v_1 - v_2) \\ v_1' &= \frac{m_1 - m_2}{m_1 + m_2} v_1 + \frac{2m_2}{m_1 + m_2} v_2 \\ v_2' &= v_1 - v_2 + v_1' = \frac{2m_1}{m_1 + m_2} v_1 - \frac{m_1 - m_2}{m_1 + m_2} v_2 \end{aligned}$$

となる．これより，

i) $m_1 = m_2$ のとき

$$v_1' = v_2, \quad v_2' = v_1 \quad \text{〔m/s〕}$$

となり，速度が入れ替わる．

ii) $m_1 \gg m_2$ のとき

$$v_1' = v_1, \quad v_2' = 2v_1 - v_2 \quad \text{〔m/s〕}$$

となり，質量が非常に大きい質点の速度は変化しない．

例題6-6　直線上を速度 v〔m/s〕で正面から弾性衝突した2つの質点のうち，一方の質点が停止した．それらの質点の質量の比はいくらか．

解　質量 m_1〔kg〕，m_2〔kg〕の質点1，2がそれぞれ速度 v〔m/s〕，$-v$〔m/s〕で運動するとし，衝突したのち質点1が停止したとする．衝突後の質点2の速度を v'〔m/s〕とすれば，運動量の保存則より，

$$m_1 v - m_2 v = m_2 v' \qquad (a)$$

弾性衝突のときの相対速度の変化の条件より，

$$v - (-v) = v' \text{ したがって，} v' = 2v \qquad (b)$$

であるので，これを (a) に代入すれば，

$$\begin{aligned} m_1 v - m_2 v &= 2m_2 v \\ m_1 &= 3m_2 \\ \therefore\ \frac{m_1}{m_2} &= 3 \end{aligned}$$

すなわち停止した質点の質量は，動いている質点の質量の 3 倍である．

（別解） 力学的エネルギーの保存則より，

$$\begin{aligned} \frac{1}{2}m_1 v^2 + \frac{1}{2}m_2 v^2 &= \frac{1}{2}m_2 v'^2 \\ v'^2 &= \frac{m_1 + m_2}{m_2} v^2 \qquad (c) \end{aligned}$$

(a) より，

$$\begin{aligned} v' &= \frac{m_1 - m_2}{m_2} v \\ v'^2 &= \frac{(m_1 - m_2)^2}{m_2^2} v^2 \qquad (d) \end{aligned}$$

(c)，(d) より，

$$\begin{aligned} (m_1 - m_2)^2 &= m_2(m_1 + m_2) \\ m_1^2 - 3m_1 m_2 &= 0 \\ m_1(m_1 - 3m_2) &= 0 \\ \therefore\ \frac{m_1}{m_2} &= 3 \end{aligned}$$

二次元平面上の 2 質点の弾性衝突

図 6.4 に示すように，速度 $\vec{u}_1$〔m/s〕で運動する質量 m_1〔kg〕の質点 1 が，静止している質量 m_2〔kg〕の質点 2 と弾性衝突した後，1 は速度 $\vec{v}_1$〔m/s〕で θ_1〔rad〕の方向に，2 は速度 $\vec{v}_2$〔m/s〕で θ_2〔rad〕の方向に運動したとする場合を考える．ビリヤードをイメージすればよいかもしれない．ここで，$\vec{u}_1$ の方向およびそれに垂直の方向にそれぞれ x，y 軸をとる．この系の運動量保存の法則は，x，y 方向にそれぞれ，

$$m_1 u_1 = m_1 v_1 \cos\theta_1 + m_2 v_2 \cos\theta_2 \tag{6.16}$$

$$0 = m_1 v_1 \sin\theta_1 - m_2 v_2 \sin\theta_2 \tag{6.17}$$

である．弾性衝突するので，力学的エネルギーの保存則，

$$\frac{1}{2}m_1 u_1^2 = \frac{1}{2}m_1 v_1^2 + \frac{1}{2}m_2 v_2^2 \tag{6.18}$$

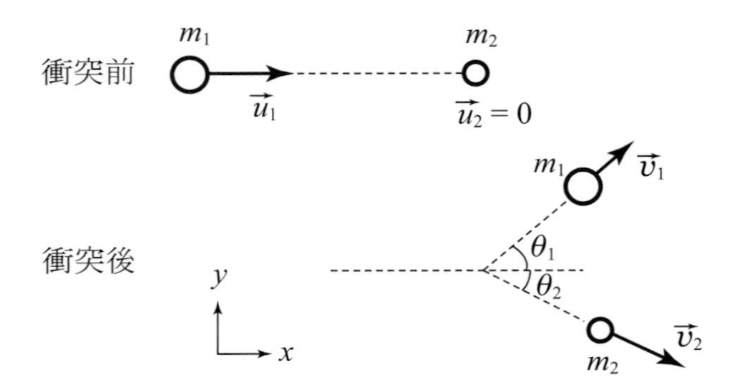

図 6.4: 平面上を運動する 2 質点の衝突

が成り立つ．ところが，この 3 つの方程式には，4 つの未知量 $(v_1, v_2, \theta_1, \theta_2)$ があるので，それぞれの未知数を求めることができない．しかしながら，そのうちの 2 つの未知量の関係を導出することはできる．

ここでは，θ_1 と θ_2 の関係を求めてみよう．(6.17) 式より，

$$v_2 = \frac{m_1}{m_2}\frac{\sin\theta_1}{\sin\theta_2}v_1$$

(6.16) 式に代入して，

$$\begin{aligned} m_1u_1 &= m_1v_1\cos\theta_1 + m_2\frac{m_1}{m_2}\frac{\sin\theta_1}{\sin\theta_2}v_1\cos\theta_2 \\ u_1 &= (\cos\theta_1 + \sin\theta_1\cot\theta_2)v_1 \end{aligned}$$

(6.18) 式に代入すれば，v_1 は消去でき，最終的に得られる結果は，

$$\tan\theta_1 = \frac{\sin 2\theta_2}{\frac{m_1}{m_2} - \cos 2\theta_2} \tag{6.19}$$

となり，θ_1 と θ_2 の関係が求まる．

例題 6-7　質量の等しい 2 つの質点が，上記のような二次元弾性衝突をすれば，衝突後の速度ベクトルがお互いに直交することを示せ．

解　$m_1 = m_2$〔kg〕であることを条件に，(6.19) 式を解けばよい．

$$\begin{aligned}\tan\theta_1 &= \frac{\sin 2\theta_2}{1-\cos 2\theta_2} \\ &= \frac{2\sin\theta_2\cos\theta_2}{2\sin^2\theta_2} = \frac{\cos\theta_2}{\sin\theta_2} \\ \frac{\sin\theta_1}{\cos\theta_1} &= \frac{\cos\theta_2}{\sin\theta_2} \\ \cos\theta_1\cos\theta_2 - \sin\theta_1\sin\theta_2 &= 0 \\ \cos(\theta_1+\theta_2) &= 0 \\ \therefore\quad \theta_1+\theta_2 &= \frac{\pi}{2} \quad \text{〔rad〕}\end{aligned}$$

したがって速度ベクトルはお互いに直交する．

重心系で考える衝突

最後に，2 つの質点の重心を原点とする重心系で衝突の特徴を見てみよう．重心系で考えた質点 i の位置ベクトル $\vec{r}'_i$〔m〕を考えると，$\vec{r}_i = \vec{R} + \vec{r}'_i$〔m〕で位置ベクトルの座標変換はできる．重心系では重心 $\vec{R}'$〔m〕を原点とするので，

$$M\vec{R}' = \sum_i m_i \vec{r}'_i = 0$$

これを t〔s〕で微分すれば，重心系の全運動量 $\vec{P}'$〔kgm/s〕は，

$$\vec{P}' = \sum_i m_i \vec{v}'_i = 0$$

となる．図 6.5 は重心系で考えた 2 質点の衝突である．

この衝突の場合の $\vec{P}'$ は，

$$\vec{P}' = m_1\vec{u}'_1 + m_2\vec{u}'_2 = m_1\vec{v}'_1 + m_2\vec{v}'_2 = 0 \tag{6.20}$$

で，$\vec{u}'_1$ と $\vec{u}'_2$ あるいは $\vec{v}'_1$ と $\vec{v}'_2$ は常に逆向きである，すなわち $\theta'_1 + \theta'_2 = \pi$ であることを示している．

(6.20) 式より，衝突の前後における質点 2 の速度は，

$$\vec{u}'_2 = -\frac{m_1}{m_2}\vec{u}'_1,\ \vec{v}'_2 = -\frac{m_1}{m_2}\vec{v}'_1$$

となる．またこれを，弾性散乱で成り立つ力学的エネルギーの保存則，

$$\frac{1}{2}m_1 {u'}_1^2 + \frac{1}{2}m_2 {u'}_2^2 = \frac{1}{2}m_1 {v'}_1^2 + \frac{1}{2}m_2 {v'}_2^2$$

に代入すれば，

$$u'_1 = v'_1,\ u'_2 = v'_2$$

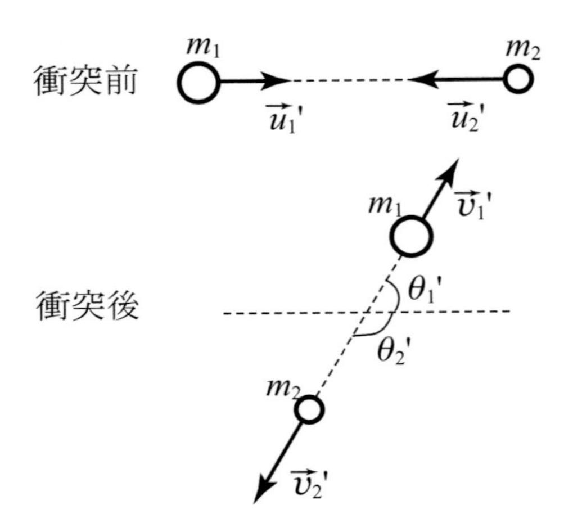

図 6.5: 重心系で考えた平面上を運動する 2 質点の衝突

となり，重心系で見れば，衝突の前後で速さは変化せず，方向だけが変わる．

質量が変化する物体の運動

これまでの質点の運動は，質量は変化しないことを前提に考えてきた．しかし，ガスを噴出しながら上昇するロケットや水分を空気から取り込みながら落下する雨滴などは時間によって質量が変化する．これらの運動は，どのように質量が変化するかが明らかになれば，これまで用いてきた考え方を少し拡張すれば，運動を記述できる．

図 6.6 のように，時刻 t〔s〕に速度 $\vec{v}$〔m/s〕で運動している質量 m〔kg〕の物体が，時刻 $t+\mathrm{d}t$〔s〕には速度 $\vec{v}+\mathrm{d}\vec{v}$〔m/s〕で運動する質量 $m+\mathrm{d}m$〔kg〕の物体と，速度 $\vec{v}+\vec{u}$〔m/s〕で運動する質量 $-\mathrm{d}m$〔kg〕の部分に別れたとしよう．ここで $\vec{u}$ は $-\mathrm{d}m$ の部分が m に対して持つ相対速度である．このとき，全運動量の変化を，微小量 $\mathrm{d}m$,

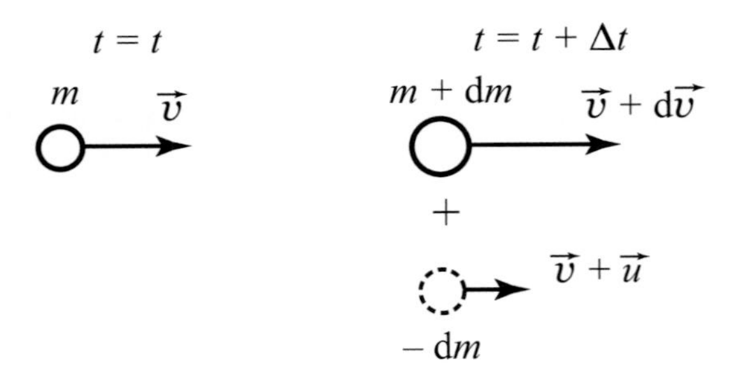

図 6.6: 質量が変化する物体の運動

$\mathrm{d}\vec{v}$ の一次の項まで取れば，

$$\mathrm{d}\vec{P} = (m+\mathrm{d}m)(\vec{v}+\mathrm{d}\vec{v}) + (-\mathrm{d}m)(\vec{v}+\vec{u}) - m\vec{v} = m\mathrm{d}\vec{v} - \vec{u}\mathrm{d}m$$

となるから，作用する力を $\vec{F}$〔N〕とすると運動方程式は，

$$\frac{\mathrm{d}\vec{P}}{\mathrm{d}t} = m\frac{\mathrm{d}\vec{v}}{\mathrm{d}t} - \vec{u}\frac{\mathrm{d}m}{\mathrm{d}t} = \vec{F}$$

すなわち，

$$m\frac{\mathrm{d}\vec{v}}{\mathrm{d}t} = \vec{F} + \vec{u}\frac{\mathrm{d}m}{\mathrm{d}t} \tag{6.21}$$

とかける．右辺第 2 項は変化した質量の部分からの反作用と考えられる．

例えば，ロケットの場合には燃料を消費して $\frac{\mathrm{d}m}{\mathrm{d}t} < 0$ となるので，ガスを $\vec{v}$ と逆向き（$\vec{u}$ は進むロケットの下向き）に噴出すると速度は増し，同じ方向に噴出する（$\vec{u}$ は逆噴射）と減速する．また雨滴の場合，一般的には空気から水分を取り込んで，$\frac{\mathrm{d}m}{\mathrm{d}t} > 0$ となる．空気中に静止している水分を付着しながら雨滴は落下するので，$\vec{u} = -\vec{v}$ である．このとき，(6.21) 式は，

$$m\frac{\mathrm{d}\vec{v}}{\mathrm{d}t} + \vec{v}\frac{\mathrm{d}m}{\mathrm{d}t} = \frac{\mathrm{d}}{\mathrm{d}t}(m\vec{v})$$

であるので，

$$\frac{\mathrm{d}}{\mathrm{d}t}(m\vec{v}) = \vec{F} \tag{6.22}$$

となる．ただし m は時間によって変化することに注意する必要がある．(6.22) 式は，$\frac{\mathrm{d}\vec{P}}{\mathrm{d}t} = \vec{F}$ と考えることができるので，特別な場合ではあるが，**一般化された運動方程式**と呼ぶこともある．

例題 6-8　一定の重力のもとで，下方に一定の相対速度 u〔m/s〕でガスを吹き付けながら鉛直に上昇するロケットがある．時刻 $t = 0$ s で質量は m_0〔kg〕，位置 $z = 0$ m，速度 $v = 0$ m/s であったロケットが，その後一定の割合でガスを噴出する，つまり $-\frac{\mathrm{d}m}{\mathrm{d}t} = \alpha m_0$（$\alpha$ は正の定数）として，その運動を表せ．

解　まず時刻 t での質量 m〔kg〕は問題文の式より

$$m = m_0(1-\alpha t) \qquad (a)$$

である．(6.21) 式より，

$$m\frac{\mathrm{d}v}{\mathrm{d}t} = -mg - u\frac{\mathrm{d}m}{\mathrm{d}t}$$

とかける．したがって，

$$\frac{\mathrm{d}v}{\mathrm{d}t} = -g - \frac{u}{m}\frac{\mathrm{d}m}{\mathrm{d}t}$$

となるので，これを t で積分すれば，

$$v = -gt - u\log m + C$$

が得られ，初期条件より C を決定するとともに (a) 式より m を定めれば，

$$v = -gt - u\log(1-\alpha t)$$

である．これを t で積分して初期条件を考慮すれば，

$$z = -\frac{1}{2}gt^2 + \frac{u}{\alpha}\left[(1-\alpha t)\log(1-\alpha t) + \alpha t\right] \quad \text{〔m〕}$$

この式は，m が正の時間，すなわち (a) 式より $t < \alpha^{-1}$ の間だけ成り立っている．ここで，対数の積分は部分積分あるいは置換積分を用いて，

$$\int \log x \mathrm{d}x = x\log x - x + C$$

であることは，数学で既知であろう．ただし，C は積分定数である．

6.3　角運動量

これまで主に学修してきた並進運動（一方向に進む運動）に加え，物体の運動には回転する運動がある．

回転運動と角運動量

運動量が並進運動の「勢い」を表すものとすれば，回転運動の「勢い」を示すものが，**角運動量**である．図 6.7 のように長さ r〔m〕の軽い棒の一端に質量 m〔kg〕のおもりをつけ，他端を固定して速さ v〔m/s〕で自由に回転させるとする．並進運動との大きな違いは，r が長いほど回転は止めづらいことであろう．このときの角運動量の大きさは，

$$L = mrv \quad \text{〔kgm}^2\text{/s〕}$$

あるいは角速度 ω〔rad/s〕を用いれば，

$$L = mr^2\omega$$

と表すことができる．

運動量と同じように，角運動量も向きを持つベクトルとするため，次のように考える．図 6.8 のように $\vec{r}$ の位置にある質量 m の質点が速度 $\vec{v}$ で動くとし，その間の角度を θ〔rad〕とする．$\vec{v}$ のうち $\vec{r}$ と垂直な大きさ $v\sin\theta$ の成分は回転に寄与し，$\vec{r}$ と平行な成分は回転とは無関係である．したがって，角運動量の大きさは，

$$L = mrv\sin\theta$$

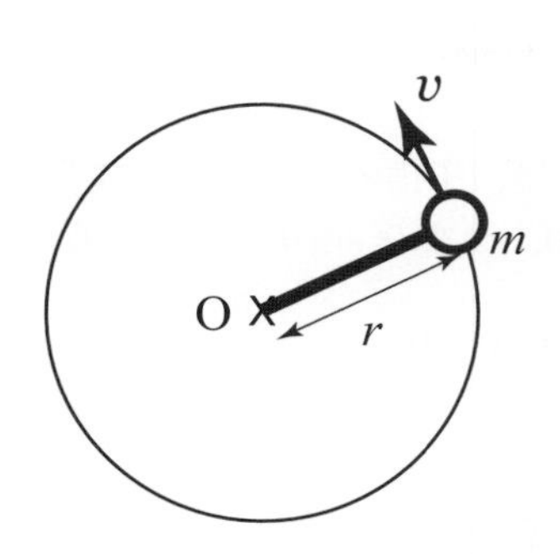

図 6.7: 回転運動と角運動量

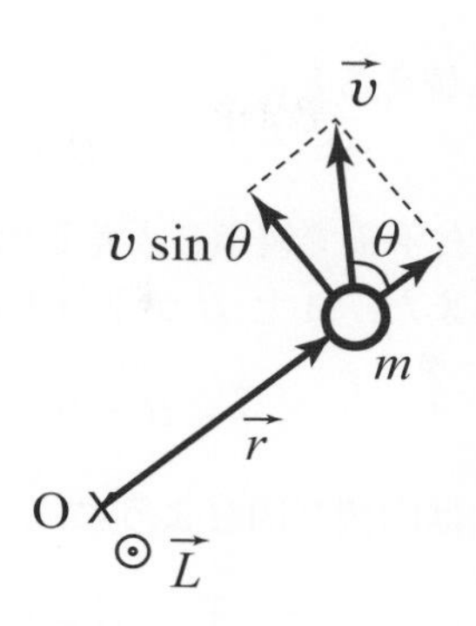

図 6.8: ベクトルで表す角運動量 $\vec{L}$

とすることができる．また，その方向は回転軸の方向，すなわち $\vec{r}$ とも $\vec{v}$ とも垂直な方向である．さらにその向きは，$\vec{r}$，$\vec{v}$，$\vec{L}$ の順に右手系になるような方向，すなわち図 6.8 で $\vec{L}$ は紙面裏から表に向かう方向と定義する．

ここで，ベクトルの計算に用いる**ベクトルの外積**（あるいは**ベクトル積**）を用いれば，この関係をはっきりと示すことができる．すなわち，

$$\vec{L} = \vec{r} \times m\vec{v}$$

と記述することができる．

外積

ここで，外積（ベクトル積）について，まとめておこう．一般に図 6.9 のように，2 つのベクトル $\vec{A}$ と $\vec{B}$ があるとき，$\vec{A}$ と $\vec{B}$ のなす角を θ とすると，その 2 つのベクトルの外積を $\vec{A} \times \vec{B}$ と表す．その大きさは，$\vec{A}$ と $\vec{B}$ がつくる平行四辺形の面積 $AB\sin\theta$ で，その方向は $\vec{A}$ とも $\vec{B}$ とも垂直な方向で右手系，すなわち紙面上向きである．

以前示した内積（スカラー積）と同じように，その性質をまとめて示す．まず，$\vec{A}$ と

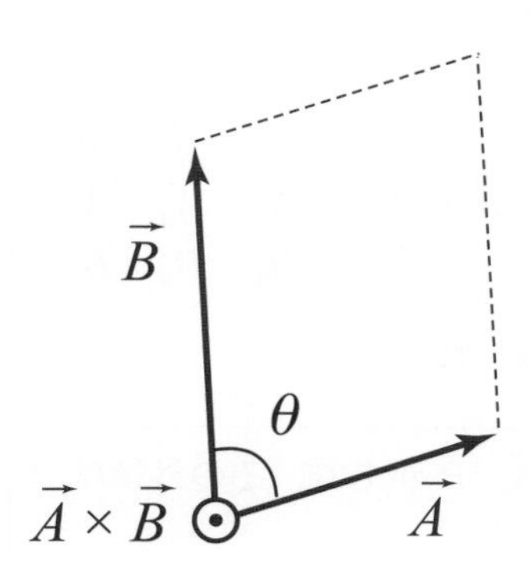

図 6.9: 外積（ベクトル積）

$\vec{B}$ の順番を入れ替えると，

$$\vec{B}\times\vec{A}=-\vec{A}\times\vec{B} \tag{6.23}$$

となる．これは右手系で親指と人差し指を入れ替えれば，中指の方向が逆になることで明らかである．また，$\vec{A}$ と $\vec{B}$ が平行のときは，$\theta=0$，つまり $\sin\theta=0$ であるので，

$$\vec{A}\times\vec{B}=0, \qquad \text{特に}, \qquad \vec{A}\times\vec{A}=0 \tag{6.24}$$

である．分配則は内積と同じように，

$$\vec{A}\times(\vec{B}+\vec{C})=\vec{A}\times\vec{B}+\vec{A}\times\vec{C}$$

となる．

外積もベクトルの成分で表すことができる．x，y，z 軸方向の単位ベクトルをそれぞれ $\vec{i}$，$\vec{j}$，$\vec{k}$ とすると，$\vec{A}=A_x\vec{i}+A_y\vec{j}+A_z\vec{k}$ および $\vec{B}=B_x\vec{i}+B_y\vec{j}+B_z\vec{k}$ と書けるので，分配則を用いれば，

$$\begin{aligned}\vec{A}\times\vec{B} &= A_xB_x\vec{i}\times\vec{i}+A_xB_y\vec{i}\times\vec{j}+A_xB_z\vec{i}\times\vec{k}\\ &+ A_yB_x\vec{j}\times\vec{i}+A_yB_y\vec{j}\times\vec{j}+A_yB_z\vec{j}\times\vec{k}\\ &+ A_zB_x\vec{k}\times\vec{i}+A_zB_y\vec{k}\times\vec{j}+A_zB_z\vec{k}\times\vec{k}\end{aligned}$$

と書ける．ここで (6.23) 式と (6.24) 式および外積の方向より，

$$\begin{aligned}&\vec{i}\times\vec{i}=\vec{j}\times\vec{j}=\vec{k}\times\vec{k}=0\\ &\vec{i}\times\vec{j}=-\vec{j}\times\vec{i}=\vec{k}, \quad \vec{j}\times\vec{k}=-\vec{k}\times\vec{j}=\vec{i}, \quad \vec{k}\times\vec{i}=-\vec{i}\times\vec{k}=\vec{j}\end{aligned}$$

となるので，

$$\begin{aligned}\vec{A}\times\vec{B} &= (A_yB_z-A_zB_y)\vec{i}+(A_zB_x-A_xB_z)\vec{j}+(A_xB_y-A_yB_x)\vec{k}\\ &= (A_yB_z-A_zB_y, A_zB_x-A_xB_z, A_xB_y-A_yB_x)\end{aligned}$$

となる．行列式を用いて，

$$\vec{A}\times\vec{B}=\begin{vmatrix}\vec{i} & \vec{j} & \vec{k}\\ A_x & A_y & A_z\\ B_x & B_y & B_z\end{vmatrix}$$

とする方が，簡単でよいかもしれない．

例題 6-9　2つのベクトル $\vec{A}$，$\vec{B}$ があり，その外積は $\vec{A}\times\vec{B}=\vec{C}$ である．このとき，$(\vec{A}+\vec{B})\times(\vec{A}-\vec{B})$ を計算せよ．

解　分配則により，

$$(\vec{A}+\vec{B})\times(\vec{A}-\vec{B})=\vec{A}\times\vec{A}-\vec{A}\times\vec{B}+\vec{B}\times\vec{A}-\vec{B}\times\vec{B}$$

となる．$\vec{A}\times\vec{A}=\vec{B}\times\vec{B}=0$，および $\vec{B}\times\vec{A}=-\vec{A}\times\vec{B}$ であるので，

$$(\vec{A}+\vec{B})\times(\vec{A}-\vec{B})=-\vec{A}\times\vec{B}-\vec{A}\times\vec{B}=-2\vec{C}$$

回転運動の運動方程式

物体が運動するときに，**角運動量の時間変化**を考える．すなわち，

$$\frac{\mathrm{d}\vec{L}}{\mathrm{d}t}=\frac{\mathrm{d}}{\mathrm{d}t}(\vec{r}\times\vec{p}) \quad 〔\mathrm{kgm^2/s^2}〕$$

を計算する．すなわち，

$$\frac{\mathrm{d}}{\mathrm{d}t}(\vec{r}\times\vec{p})=\frac{\mathrm{d}\vec{r}}{\mathrm{d}t}\times\vec{p}+\vec{r}\times\frac{\mathrm{d}\vec{p}}{\mathrm{d}t}=\vec{v}\times m\vec{v}+\vec{r}\times\vec{F}$$

ここでは並進運動の運動方程式を考慮している．$\vec{v}\times\vec{v}=0$ なので，

$$\frac{\mathrm{d}\vec{L}}{\mathrm{d}t}=\vec{N} \quad 〔\mathrm{Nm}〕 \tag{6.25}$$

となる．これを**回転の運動方程式**という．ここで，$\vec{N}=\vec{r}\times\vec{F}$ を**力のモーメント**という．すなわち，**角運動量の時間微分は力のモーメントに等しい**．並進運動では，運動量の時間微分が力に等しいことと，よく似た関係である．

例題 6-10　図 6.10 のように，原点 O から水平距離 a〔m〕の点 A から質量 m〔kg〕の小球を静かに落とした．O を中心とした小球の回転の運動方程式を求め，それより角運動量の時間変化を導け．

解　図 6.10 のように座標軸を定める．小球に働く重力 mg の O を中心とする力のモーメントの z 成分は，回転角を減少させる方向に働くことを考慮すれば，$N_z=-amg$

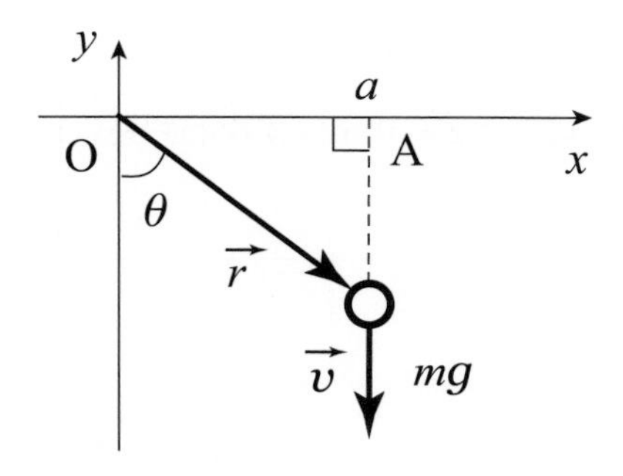

図 6.10: 角運動量で考える自由落下

〔Nm〕である．したがって，小球の角運動量の z 成分の運動方程式は，

$$\frac{\mathrm{d}L_z}{\mathrm{d}t} = -amg$$

となる．初期条件は $L_z = 0\ \mathrm{kgm^2/s}$ であるので，これを解いて，

$$L_z = -amgt \quad 〔\mathrm{kgm^2/s}〕$$

中心力による運動と角運動量の保存則

中心力 $\vec{F}$ は $\vec{r}$ と平行であるので，$\vec{F} = f(r)\vec{r}$ と表すことができるので，

$$\vec{N} = \vec{r} \times \vec{F} = \vec{r} \times f(r)\vec{r} = 0$$

したがって，回転の運動方程式は，

$$\frac{\mathrm{d}\vec{L}}{\mathrm{d}t} = 0$$

となるので，$\vec{L}$ が時間依存しない，すなわち**角運動量の保存則**が成り立つ．

例題 6-11　角運動量 $\vec{L}$〔$\mathrm{kgm^2/s}$〕が一定のとき，物体は $\vec{L}$ に垂直な平面内で運動することを確かめよ．

解　$\vec{L}$ の方向を z 軸とすれば，

$$\begin{aligned} L_x &= yp_z - zp_y = 0 \\ L_y &= zp_x - xp_z = 0 \\ L_z &= xp_y - yp_x = \text{一定}\ (\neq 0) \end{aligned}$$

である．したがって，

$$0 = xL_x + yL_y = x(yp_z - zp_y) + y(zp_x - xp_z) = -z(xp_y - yp_x)$$

となる．( ) 内は 0 ではないので，$z = 0$ m，すなわち運動が $z = 0$ の xy 平面で起きていることを示す．

面積速度

質点が中心力を受けてある平面内で図 6.11 のように運動していたとする．ある時刻に P にあった物体が，微小な時間 Δt〔s〕の間に P' まで $\Delta\vec{s}$〔m〕だけ動いたとすれば，この間に力の中心 O と質点を結ぶ直線が通過した領域の面積 ΔS〔$\mathrm{m^2}$〕は，Δt が

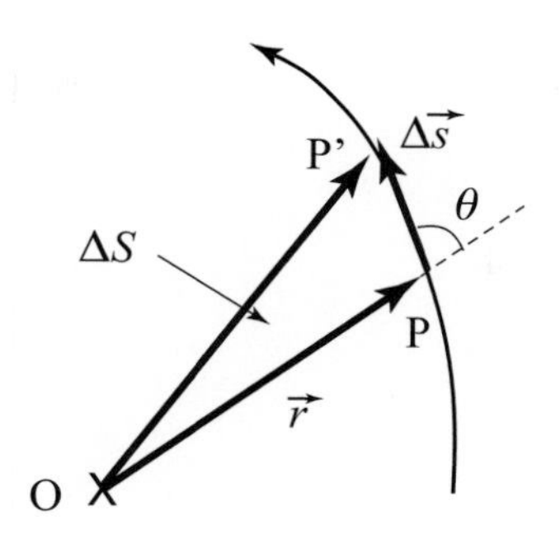

図 6.11: 面積速度

小さければ，$\Delta\vec{s}$ も小さいので，三角形 OPP' がつくる面積とみなしてよく，P の位置ベクトル $\vec{r}$ と $\Delta\vec{s}$ のなす角を θ とすれば，

$$\Delta S = \frac{1}{2} r \Delta s \sin\theta = \frac{1}{2}|\vec{r} \times \Delta\vec{s}|$$

となる．

直線 OP が単位時間に通過する面積（**面積速度**）u〔m^2〕は，

$$u = \lim_{\Delta t \to 0} \frac{\Delta S}{\Delta t} = \frac{1}{2} \lim_{\Delta t \to 0} |\vec{r} \times \frac{\Delta\vec{s}}{\Delta t}| = \frac{1}{2}|\vec{r} \times \vec{v}|$$

となる．質点の質量を m〔kg〕とすれば，$m\vec{v} = \vec{p}$ なので，

$$u = \frac{1}{2m}|\vec{r} \times \vec{p}| = \frac{1}{2m}|\vec{L}|$$

となり，中心力による運動では角運動量が保存するので，**面積速度は一定**となる．

ケプラーは惑星の運動を詳細に観測してさまざまな法則を発見している．**ケプラーの第二法則** がこの面積速度一定の法則である．これはニュートンが運動の法則を提言する前のことで，彼はケプラーの法則を基に運動の法則を発見することになる．このことは，詳細に現象を観測することがいかに重要であるかを示している．

第7章　慣性の力

電車やエレベータに乗っているとある方向に力を感じることがある．これは，乗っているものがある運動をしているせいであるが，日常的に経験するこうした力は，動く座標系に現れる**慣性の力**として理解できる．

7.1　慣性系と慣性の力

乗り物に乗っているときに常にそのような慣性の力を感じるわけではない．例えば，新幹線や飛行機のような高速の乗り物であっても，その速さが一定で直線的に動いていれば，感じることはない．慣性の力が働くのは乗り物の速さが変わったり，カーブしたりするときである．したがって乗り物の加速度があるときだけに慣性の力が現れる．

慣性系

これまでに学んできたニュートンの運動の法則が厳密に成り立つのは，**慣性系**と呼ばれる**静止あるいは等速で直線運動している座標系**においてだけである．地表で静止していると慣性の力を感じることもないので，慣性系ではないかと考える人はいるだろうが，地球は自転し，また公転して太陽のまわりを円運動していることを考えれば，厳密にいうと慣性系とは言えない．

もし2つの慣性系があったとすれば，それらはお互いに等速で直線運動しているはずである．例えば，厳密ではないが，ほとんど慣性系と考えることができる，地上の座標系と等速で直線的に走る電車の中での座標系を考える．電車の中の人がボールを落とすと，電車の中の人はそのボールは自由落下すると観測できる．これを地上の人から観測すれば，電車の中のボールは電車の速度を初速度とした放物運動をし，電車の中の人の足もとも同じ速度で移動しているように見える．重要なことは，いずれの系においてもニュートンの運動の法則にしたがって運動していることである．ところが，電車がブレーキをかけて等速ではなくなれば，例えば床に置いたボールが突然前に転がり始めるが，これは決してニュートンの運動の法則にはしたがっていない．

厳密に以上のことをまとめれば，

> ある座標系で運動の法則が成り立つとすれば，それに対して等速直線運動している座標系でも全く同じの運動の法則が成り立つ．

となる．

慣性の力

考えている座標系が慣性系でない，すなわち何らかの加速度が働く加速度系であるとする．例えば，簡単のために，図7.1のように，加速度 $\vec{a}$〔m/s^2〕で加速している電車の座席に質量 m〔kg〕の物体があるとする．このときの物体の運動を，(a) のようにほとんど慣性系である地上から観測したとすれば，物体は座席に力 $\vec{F}$〔N〕で押されて，加速度 $\vec{a}$ で運動していると見ることができる．すなわち，ニュートンの運動方程式 $m\vec{a} = \vec{F}$ にしたがって運動する．ところが (b) のように，電車の内部から観測すれば，座席が物体を押す力 $\vec{F}$ が働くにも関わらず，物体は静止していることを説明するために，これとつり合う力 $\vec{F'} = -ma$〔N〕が働いているからだ，と考える．この $\vec{F'}$ は**見かけの力**あるいは**慣性の力**という．

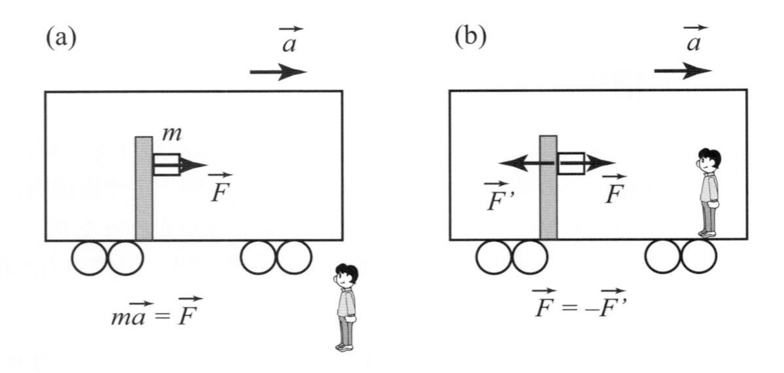

図7.1: 電車と慣性系

例題7-1　直線のレールの上を加速度 a〔m/s^2〕で動く電車の中に，おもりが軽いひもでつり下げられ，静止している．ひもはどちらの方向に傾くであろうか．地上から，および電車の中から観測したときについてそれぞれ考えよ．

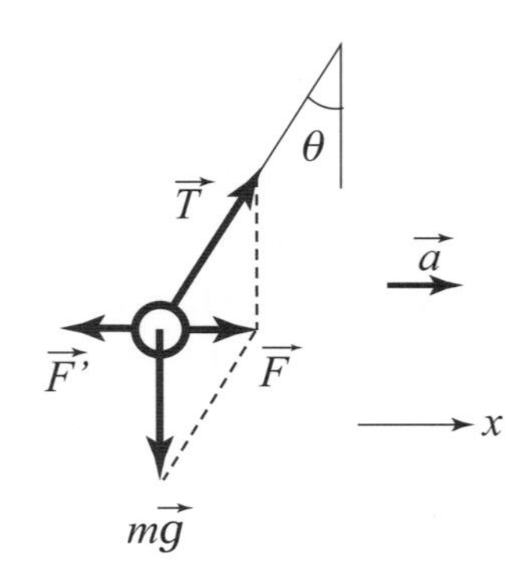

図7.2: 電車でつりあうおもり

解　電車の中から観測すれば，図 7.2 のようになることが考えられる．したがって，おもりは，重力 $m\vec{g}$〔N〕，ひもの張力 $\vec{T}$〔N〕，および見かけの力 $\vec{F'}=-m\vec{a}$〔N〕のつりあいと考えることができる．したがって，ひもの角度を θ〔rad〕とすれば，

$$mg\tan\theta=ma,\ \text{すなわち},\tan\theta=\frac{a}{g}$$

と表すことができる．一方，地上から観測すれば，おもりの運動方程式は，$m\vec{a}=\vec{F}$ で，$F=mg\tan\theta$ なので，$ma=mg\tan\theta$ となり，同じ結果が $\tan\theta$ に得られる．

並進加速度系の座標変換

見かけの力が $-m\vec{a}$〔N〕であることを，慣性系と加速度系の座標変換を用いて示そう．図 7.3 に示すように，1 つの慣性系 S の原点を O，それに対して加速度 $\vec{a}_0$〔m/s^2〕で並進運動している加速度系 S' の原点を O' とし，O に対する O' の位置ベクトルを $\vec{r}_0$〔m〕とする．

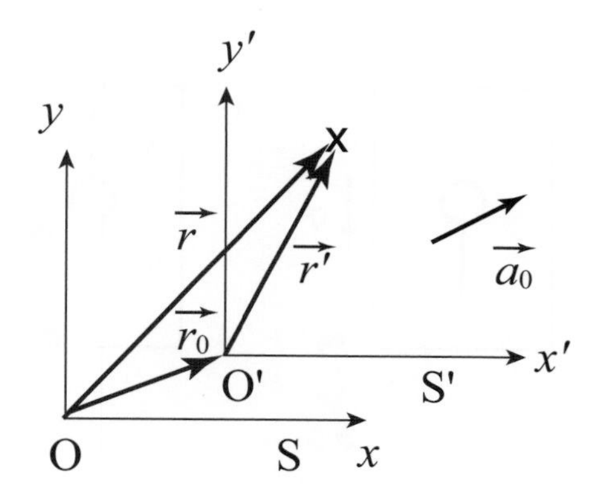

図 7.3: 真の力と見かけの力

ある質点の S および S' での位置ベクトルをそれぞれ $\vec{r}$〔m〕，$\vec{r'}$〔m〕とすれば，

$$\vec{r}=\vec{r}_0+\vec{r'} \tag{7.1}$$

である．物体に力 $\vec{F}$〔N〕が働いているとすれば，慣性系である S における運動方程式は，

$$m\frac{\mathrm{d}^2\vec{r}}{\mathrm{d}t^2}=\vec{F} \tag{7.2}$$

である．一方，(7.1) 式より，

$$\frac{\mathrm{d}^2\vec{r}}{\mathrm{d}t^2}=\frac{\mathrm{d}^2\vec{r}_0}{\mathrm{d}t^2}+\frac{\mathrm{d}^2\vec{r'}}{\mathrm{d}t^2}=\vec{a}_0+\frac{\mathrm{d}^2\vec{r'}}{\mathrm{d}t^2}$$

なので，これを (7.2) 式に代入すれば，S' における運動方程式として，

$$m\frac{\mathrm{d}^2\vec{r}'}{\mathrm{d}t^2} = \vec{F} - m\vec{a}_0$$

が得られる．ここで，$\vec{F}$ は実際に作用する「真の力」，$-m\vec{a}_0$〔N〕は「見かけの力」を示している．

無重力状態

下向きの加速度の大きさ a〔m/s^2〕で下降しているエレベータの中では，上向きに大きさ ma〔N〕の慣性力が働く．このため，エレベータに乗っている人から見れば，重力の大きさは mg〔N〕から $m(g-a)$〔N〕に減少したように感じる．特に，図 7.4 のように，エレベータが自由落下すれば $a = g$〔m/s^2〕となり，エレベータの中（加速度系）では無重力状態が実現しているように見える．これをエレベータの外で静止している人（慣性系）から見れば，単にエレベータとそれに乗っている人が一緒に自由落下しているに過ぎない．宇宙飛行士の訓練のためには，小型ジェット機を用いてその推進力を止めて放物線飛行（鉛直方向には自由落下）させ，20-30 s 程度の時間で無重力状態を実現している．

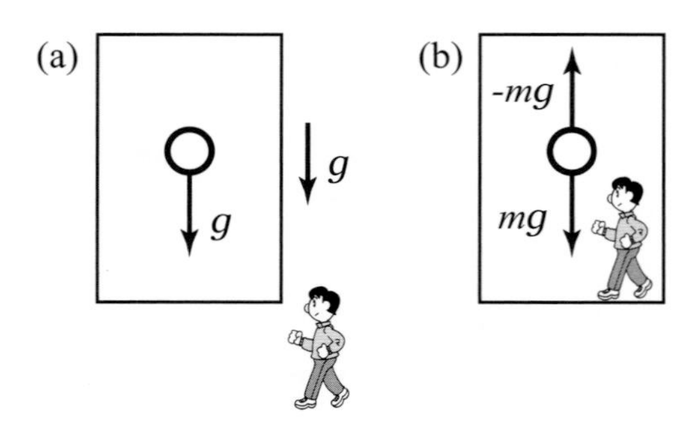

図 7.4: 加速度の大きさ g で落下しているエレベータ

7.2　回転座標系における運動

座標系が回転する**回転座標系**も加速度系の 1 つであり，そこでは遠心力やコリオリの力などの見かけの力が働く．これまでほぼ慣性系としてあつかってきた地上も，厳密に言えば自転あるいは公転している回転座標系の 1 つである．

遠心力

まず，最も簡単な回転運動である等速円運動を考えよう．図 7.5(a) のように，半径 R〔m〕の円周上を質量 m〔kg〕の質点が速さ v〔m/s〕で等速で円運動すれば，加速

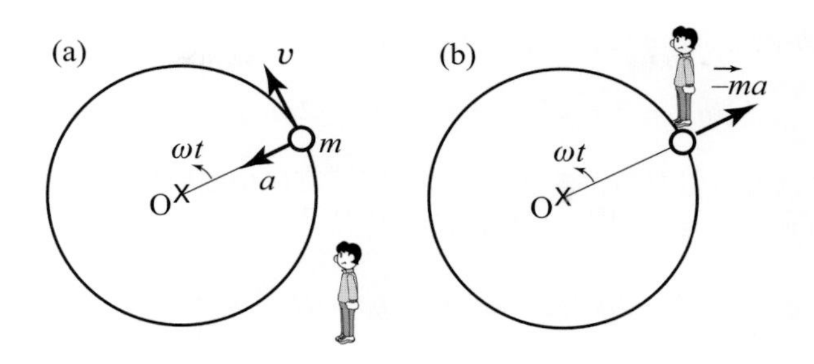

図 7.5: 等速円運動の (a) 向心力と (b) 遠心力

度は円の内向きに大きさ $\dfrac{v^2}{R}$〔m/s^2〕の加速度となるため，$F = \dfrac{mv^2}{R}$〔N〕の大きさの**向心力**が，この運動に必要である．これは運動を外から観測した場合で，これまではこのように等速円運動を考えてきた．

一方，回転する質点上から観測すれば，$ma = \dfrac{mv^2}{R}$ の大きさの，加速度とは反対方向すなわち回転の中心から外側に，見かけの力，すなわち**遠心力**が働くように感じる．したがって，慣性系から円運動を観測すれば真の力である向心力が，円運動する加速度系から観測すれば見かけの力である遠心力が見られる．

例題 7-2　地球は自転するので遠心力が働く．したがって，図 7.6 のように，地上の質量 m〔kg〕の物体には万有引力 $m\vec{g}_0$〔N〕と遠心力 $\vec{F}$〔N〕の合力である，有効重力 mg〔N〕が働く．地球の半径を R〔m〕，地球の自転の角速度を ω〔rad/s〕として，北緯 θ〔rad〕での有効重力加速度の大きさ g〔m/s^2〕を求めよ．

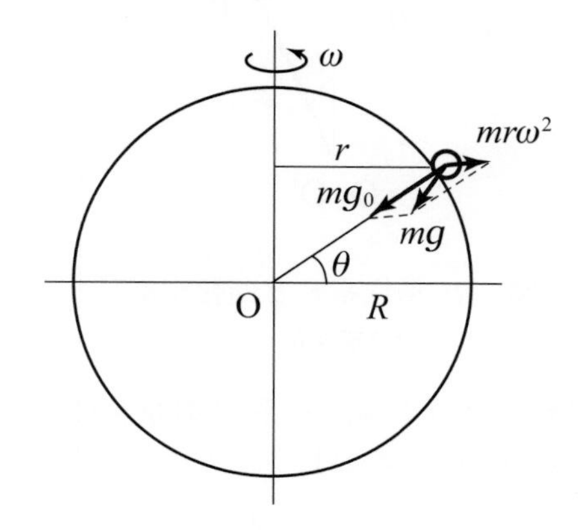

図 7.6: 地表に働く万有引力と遠心力

解　北緯 θ では半径 $r = R\cos\theta$〔m〕，角速度 ω の円運動をするので，物体には遠心

力 $mr\omega^2$〔N〕が働く．mg は，余弦定理により，

$$(mg)^2 = (mg_0)^2 + (mr\omega^2)^2 - 2mg_0 \cdot mr\omega^2 \cos\theta$$

遠心力の大きさは万有引力の大きさと比較して非常に小さいので，$g_0 \gg r\omega^2$ とすれば，右辺の第2項は無視でき，$r = R\cos\theta$ なので，

$$g \sim \sqrt{g_0^2 - 2g_0 R\omega^2 \cos^2\theta} \sim g_0 - R\omega^2 \cos^2\theta \quad 〔\mathrm{m/s^2}〕$$

となる．

回転系への座標変換

まず，回転運動するときの速度 $\vec{v}$〔m/s〕を角速度ベクトル $\vec{\omega}$〔rad/s〕を用いて表す．図7.7で示すように，質点Pは半径 $r\sin\theta$〔m〕，角速度 ω で回転する．$\vec{v}$ は $\vec{r}$ とも $\vec{\omega}$ とも垂直で，大きさは $v = r\sin\theta \cdot \omega$ なので，ベクトルの方向を考えに入れれば，

$$\vec{v} = \vec{\omega} \times \vec{r} \tag{7.3}$$

と表すことができる．

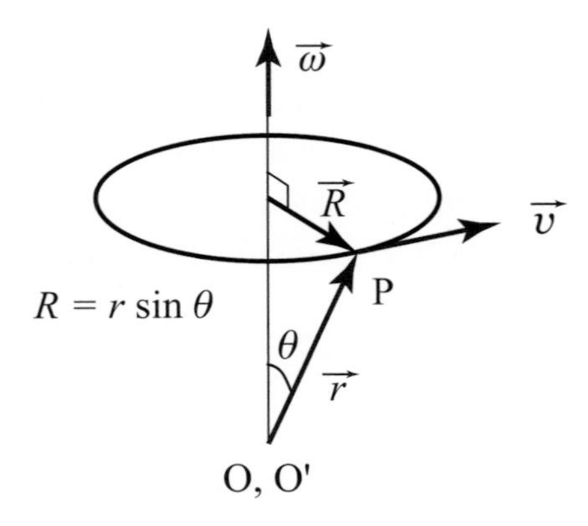

図 7.7: 慣性系Sと回転座標系S'

さて，図7.7のように慣性系Sと回転座標系S'の原点OおよびO'を一致させる．Sに対して単位ベクトルを $\vec{i}$，$\vec{j}$，$\vec{k}$ とすれば，

$$\vec{r} = x\vec{i} + y\vec{j} + z\vec{k} \tag{7.4}$$

と書くことができる．ここで重要なことは，$\vec{i}$，$\vec{j}$，$\vec{k}$ は時間 t に対して不変である．

一方，S'に対しても同じように，その単位ベクトルを $\vec{i'}$，$\vec{j'}$，$\vec{k'}$ とすれば，

$$\vec{r'} = x'\vec{i'} + y'\vec{j'} + z'\vec{k'} \tag{7.5}$$

と書くことができるが，(7.4) 式との違いは，$\vec{i}'$，$\vec{j}'$，$\vec{k}'$ が t に対して回転する．原点が一致しているので，$\vec{r} = \vec{r}'$ である．したがって，(7.4) 式および (7.5) 式の t 微分は，

$$\vec{v} = \frac{\mathrm{d}x}{\mathrm{d}t}\vec{i} + \frac{\mathrm{d}y}{\mathrm{d}t}\vec{j} + \frac{\mathrm{d}z}{\mathrm{d}t}\vec{k} \tag{7.6}$$

$$= \frac{\mathrm{d}x'}{\mathrm{d}t}\vec{i}' + \frac{\mathrm{d}y'}{\mathrm{d}t}\vec{j}' + \frac{\mathrm{d}z'}{\mathrm{d}t}\vec{k}' + x'\frac{\mathrm{d}\vec{i}'}{\mathrm{d}t} + y'\frac{\mathrm{d}\vec{j}'}{\mathrm{d}t} + +z'\frac{\mathrm{d}\vec{k}'}{\mathrm{d}t} \tag{7.7}$$

である．ここで上式 (7.6) は S 系についてである．下式 (7.7) は S' 系について示すが，その前半は $\vec{v}'$〔m/s〕であり，後半は，式 (7.3) を単位ベクトルに適用すれば，

$$\frac{\mathrm{d}\vec{i}'}{\mathrm{d}t} = \vec{\omega} \times \vec{i}', \quad \frac{\mathrm{d}\vec{j}'}{\mathrm{d}t} = \vec{\omega} \times \vec{j}', \quad \frac{\mathrm{d}\vec{k}'}{\mathrm{d}t} = \vec{\omega} \times \vec{k}'$$

と書くことができ，

$$x'\vec{\omega} \times \vec{i}' + y'\vec{\omega} \times \vec{j}' + z'\vec{\omega} \times \vec{k}'$$

となるので，まとめれば，

$$\vec{v} = \vec{v}' + \vec{\omega} \times \vec{r}'$$

となる．したがって，S 系から見た速度 $\vec{v}$ は，S' 系から見た速度 $\vec{v}'$ に座標回転の速度を示す $\vec{\omega} \times \vec{r}'$ が加わる．

次に，さらに t〔s〕で微分して加速度 $\vec{a}$〔m/s^2〕を求めると，

$$\begin{aligned}\vec{a} &= \frac{\mathrm{d}^2x'}{\mathrm{d}t^2}\vec{i}' + \frac{\mathrm{d}^2y'}{\mathrm{d}t^2}\vec{j}' + \frac{\mathrm{d}^2z'}{\mathrm{d}t^2}\vec{k}' \\ &+ 2\left(\frac{\mathrm{d}x'}{\mathrm{d}t}\frac{\mathrm{d}\vec{i}'}{\mathrm{d}t} + \frac{\mathrm{d}y'}{\mathrm{d}t}\frac{\mathrm{d}\vec{j}'}{\mathrm{d}t} + \frac{\mathrm{d}z'}{\mathrm{d}t}\frac{\mathrm{d}\vec{k}'}{\mathrm{d}t}\right) \\ &+ x'\frac{\mathrm{d}^2\vec{i}'}{\mathrm{d}t^2} + y'\frac{\mathrm{d}^2\vec{j}'}{\mathrm{d}t^2} + z'\frac{\mathrm{d}^2\vec{k}'}{\mathrm{d}t^2}\end{aligned}$$

ここで第 1 項は，$\vec{a}'$〔m/s^2〕，第 2 項は，

$$2\left(\frac{\mathrm{d}x'}{\mathrm{d}t}\vec{\omega} \times \vec{i}' + \frac{\mathrm{d}y'}{\mathrm{d}t}\vec{\omega} \times \vec{j}' + \frac{\mathrm{d}z'}{\mathrm{d}t}\vec{\omega} \times \vec{k}'\right) = 2\vec{\omega} \times \vec{v}'$$

となり，第 3 項は，

$$\frac{\mathrm{d}^2\vec{i}'}{\mathrm{d}t^2} = \frac{\mathrm{d}}{\mathrm{d}t}(\vec{\omega} \times \vec{i}') = \vec{\omega} \times \frac{\mathrm{d}\vec{i}'}{\mathrm{d}t} + \frac{\mathrm{d}\vec{\omega}}{\mathrm{d}t} \times \vec{i}' = \vec{\omega} \times (\vec{\omega} \times \vec{i}') + \dot{\vec{\omega}} \times \vec{i}'$$

などより，

$$\vec{\omega} \times (\vec{\omega} \times \vec{r}') + \dot{\vec{\omega}} \times \vec{r}'$$

となる．したがって，

$$m\vec{a} = m\vec{a}' + 2m\vec{\omega} \times \vec{v}' + m\vec{\omega} \times (\vec{\omega} \times \vec{r}') + m\dot{\vec{\omega}} \times \vec{r}'$$

である．左辺は，$\vec{F}=\vec{F}'$〔N〕に等しいので，

$$m\vec{a}' = \vec{F}' - 2m\vec{\omega}\times\vec{v}' - m\vec{\omega}\times(\vec{\omega}\times\vec{r}') - m\dot{\vec{\omega}}\times\vec{r}' \tag{7.8}$$

となる．ここで右辺の第1項は真の力，第2項から第4項は見かけの力で，それぞれ**コリオリの力**，**遠心力**および**角加速度による力**である．それぞれの力の特徴は，コリオリの力は運動方向に垂直に作用し，遠心力は回転軸に垂直で外向きである．

自転する地球表面での運動

先に述べたように，地球表面は地球の自転によって回転する加速度系である．働く真の力は，地球からの万有引力 $m\vec{g}_0$〔N〕とそれ以外の力 $\vec{F}$〔N〕である．この系の特徴としては，自転は一定の角速度であるので $\dot{\vec{\omega}}=0\ \mathrm{rad/s^2}$ である．したがって，地表での回転座標系では，(7.8) 式より，

$$m\vec{a} = \vec{F} + m\vec{g}_0 - 2m\vec{\omega}\times\vec{v} - m\vec{\omega}\times(\vec{\omega}\times\vec{r}) \tag{7.9}$$

と書くことができる．ここでは加速度系しか考えていないので，簡単のために加速度系を意味する「'」は除いた．ここで遠心力は一定であるので，万有引力と遠心力を合成し，それを有効重力，

$$m\vec{g} = m\vec{g}_0 - m\vec{\omega}\times(\vec{\omega}\times\vec{r})$$

とおけば，加速度系の運動方程式として，

$$m\vec{a} = \vec{F} + m\vec{g} - 2m\vec{\omega}\times\vec{v} \tag{7.10}$$

と書くことができる．右辺の第1項は真の力，第2項は有効重力，第3項はコリオリの力である．

さてここで北緯 λ〔rad〕での運動方程式を考えてみる．図7.8に地球の4半部分を示す．北緯 λ の地点で，まず z 軸として鉛直上方に取る．厳密にいうと，遠心力の影響で z 軸は地球中心からずれているが，ほとんど無視できる．それと垂直に x 軸を南方向に取ると，y 軸は東方向になる．ここで $\vec{\omega}$ を座標成分に分ければ，

$$\vec{\omega} = (-\omega\cos\lambda, 0, \omega\sin\lambda)$$

となるので，運動方程式 (7.10) を成分で表示すれば，

$$\begin{aligned} m\ddot{x} &= F_x + 2m\omega\dot{y}\sin\lambda \\ m\ddot{y} &= F_y - 2m\omega(\dot{x}\sin\lambda + \dot{z}\cos\lambda) \\ m\ddot{z} &= F_z - mg + 2m\omega\dot{y}\cos\lambda \end{aligned} \tag{7.11}$$

となる．

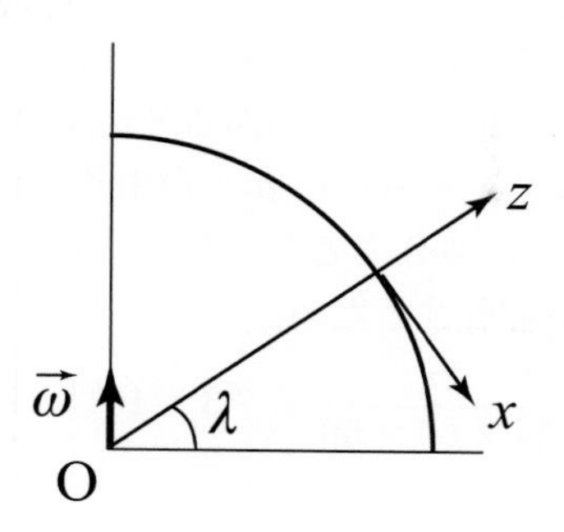

図 7.8: 地球上の座標

それでは高さ h から自由落下させた質点が，コリオリの力でどの方向にどれくらい曲がって落下するか，を考えてみよう．まず，真の力は重力以外にない．したがって，運動方程式 (7.11) の各成分は，

$$\begin{aligned} m\ddot{x} &= 2m\omega\dot{y}\sin\lambda \\ m\ddot{y} &= -2m\omega(\dot{x}\sin\lambda + \dot{z}\cos\lambda) \\ m\ddot{z} &= -mg + 2m\omega\dot{y}\cos\lambda \end{aligned}$$

である．これらの式を t で積分し，初期条件 $x = y = 0,\ z = h,\ \dot{x} = \dot{y} = \dot{z} = 0$ を考慮して積分定数を求めれば，

$$\begin{aligned} \dot{x} &= 2\omega y\sin\lambda \\ \dot{y} &= -2\omega[x\sin\lambda + (z-h)\cos\lambda] \\ \dot{z} &= -gt + 2\omega y\cos\lambda \end{aligned} \tag{7.12}$$

となる．ここからは単純な積分では解を得ることはできないが，ω は小さいので $\omega \sim 0$ とした**逐次近似法**を用いることにより，近似解を求めることができる．

まず，$\omega = 0$ とおくと，

$$\dot{x} = 0,\ \dot{y} = 0,\ \dot{z} = -gt$$

となるので，初期条件を考慮すれば，近似解として，

$$x_0 = 0,\ y_0 = 0,\ z_0 = -\frac{1}{2}gt^2 + h$$

が得られる．これをもとの (7.12) 式に代入すれば，

$$\dot{x} = 0,\ \dot{y} = \omega g t^2\cos\lambda,\ \dot{z} = -gt$$

となるので，これらを t で積分すれば，

$$x = 0,\ y = \frac{1}{3}\omega g t^3\cos\lambda,\ z = -\frac{1}{2}gt^2 + h$$

となる．したがって，これまでに求めた慣性系の自由落下の式と比較すれば，コリオリの力により，y 方向，すなわち東の方向に曲がると結論できる．

例えば，$\lambda = 32.5^\circ$ の熊本で $h = 100$ m から自由落下させると，落下にかかる時間は，$0 = -4.9t^2 + 100$ より 4.52 s かかることになる．また，地球の自転の ω は，1 日 $= 24 \times 60 \times 60$ s で 2π rad だけ回転するため，

$$\omega = \frac{2\pi}{24 \times 60 \times 60} = 7.3 \times 10^{-5} \quad \text{rad/s}$$

となる．したがって，

$$y = \frac{1}{3} \times 7.3 \times 10^{-5} \times 9.8 \times 4.52^3 \times \cos 32.5^\circ = 0.019 \quad \text{m}$$

となり，東の方向に約 2 cm ずれて落下することになる．

例題 7-3 北緯 30° の地点を，質量 1.5×10^5 kg の飛行機が 300 m/s の速さで北に向かって飛行している．この飛行機に働くコリオリの力の向きおよび大きさを求めよ．

解　先に定義した軸の方向で，$\vec{\omega}$〔rad/s〕および $\vec{v}$〔m/s〕の成分を記述すれば，$\vec{\omega} = (-\omega\cos\lambda,\ 0,\ \omega\sin\lambda)$，$\vec{v} = (-v,\ 0,\ 0)$ である．したがってコリオリの力は，

$$-2m\vec{\omega} \times \vec{v} = -2m \begin{vmatrix} \vec{i} & \vec{j} & \vec{k} \\ -\omega\cos\lambda & 0 & \omega\sin\lambda \\ -v & 0 & 0 \end{vmatrix} = (0,\ 2m\omega v\sin\lambda,\ 0)$$

となる．したがって，向きは東の方向，大きさは，

$$2 \times 1.5 \times 10^5 \times \frac{2\pi}{24 \times 60 \times 60} \times 300 \times \sin 30^\circ = 3.3 \times 10^3 \qquad \text{N}$$

である．

フーコー振り子

地球上でコリオリの力が働いていることをよく示しているのは，**フーコー振り子**で，長い振り子がゆっくりと振動するうちに，その振動の方向がゆっくりと回転していくことが知られている．

フーコー振り子について計算をする前にまず，**平面極座標系** (r,θ) についてまとめておきたい．図 7.9 に $x-y$ 直交座標系と $r-\theta$ 平面極座標系の関係，

$$x = r\cos\theta,\ y = r\sin\theta,\ r = \sqrt{x^2+y^2} \tag{7.13}$$

を示す．ここで極座標系の動径方向および角度方向の単位ベクトルをそれぞれ，$\vec{e}_r$，$\vec{e}_\theta$ とすれば，

$$\begin{aligned} \vec{e}_r &= \cos\theta\cdot\vec{i} + \sin\theta\cdot\vec{j} \\ \vec{e}_\theta &= -\sin\theta\cdot\vec{i} + \cos\theta\cdot\vec{j} \end{aligned}$$

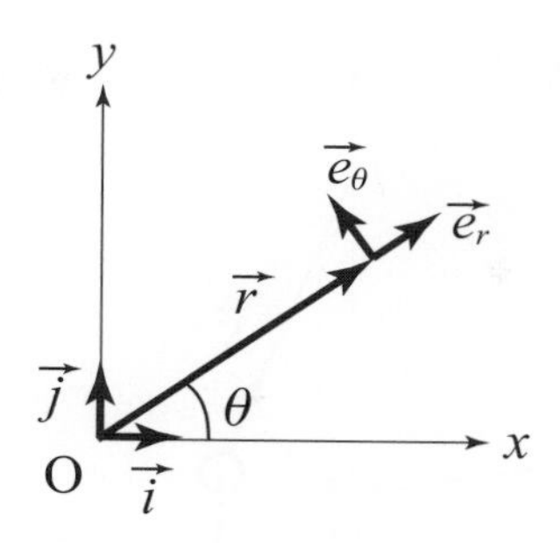

図 7.9: 直交座標系と平面極座標系の関係

となる．これらを t で微分すれば，

$$
\begin{aligned}
\dot{\vec{e}}_r &= -\dot{\theta}\sin\theta\cdot\vec{i}+\dot{\theta}\cos\theta\cdot\vec{j}=\dot{\theta}\vec{e}_\theta \\
\dot{\vec{e}}_\theta &= -\dot{\theta}\cos\theta\cdot\vec{i}-\dot{\theta}\sin\theta\cdot\vec{j}=-\dot{\theta}\vec{e}_r
\end{aligned}
$$

となる．ここで，極座標系の $\vec{r}$ を t で微分して $\vec{v}$ を計算すると，

$$\vec{v}=\dot{\vec{r}}=\dot{r}\vec{e}_r+r\dot{\vec{e}}_r=\dot{r}\vec{e}_r+r\dot{\theta}\vec{e}_\theta$$

となり，さらに t 微分して $\vec{a}$ を計算すると，

$$
\begin{aligned}
\vec{a}=\dot{\vec{v}} &= \ddot{r}\vec{e}_r+\dot{r}\dot{\vec{e}}_r+(\dot{r}\dot{\theta}+r\ddot{\theta})\vec{e}_\theta+r\dot{\theta}\dot{\vec{e}}_\theta \\
&= \ddot{r}\vec{e}_r+\dot{r}\dot{\theta}\vec{e}_\theta+(\dot{r}\dot{\theta}+r\ddot{\theta})\vec{e}_\theta-r\dot{\theta}^2\vec{e}_r \\
&= (\ddot{r}-r\dot{\theta}^2)\vec{e}_r+(2\dot{r}\dot{\theta}+r\ddot{\theta})\vec{e}_\theta \\
&= (\ddot{r}-r\dot{\theta}^2)\vec{e}_r+\frac{1}{r}\frac{\mathrm{d}}{\mathrm{d}t}(r^2\dot{\theta})\vec{e}_\theta
\end{aligned}
$$

となる．

さて，図 7.10 にフーコー振り子を示す．長さ l〔m〕の軽いひもでつるされた質量 m〔kg〕のおもりが振動する．ひもに働く張力 $\vec{S}$〔N〕は，おもりの位置 $(x,\,y,\,z)$〔m〕によって，

$$\vec{S}=\left(-S\frac{x}{l},\,-S\frac{y}{l},\,S\frac{l-z}{l}\right)$$

で表すことができる．ここで，$x^2+y^2+(l-z)^2=l^2$ である．

運動方程式 (7.11) をこの場合に適用すれば，

$$
\begin{aligned}
m\ddot{x} &= -S\frac{x}{l}+2m\omega\dot{y}\sin\lambda \\
m\ddot{y} &= -S\frac{y}{l}-2m\omega(\dot{x}\sin\lambda+\dot{z}\cos\lambda) \qquad (7.14) \\
m\ddot{z} &= S\frac{l-z}{l}-mg+2m\omega\dot{y}\cos\lambda
\end{aligned}
$$

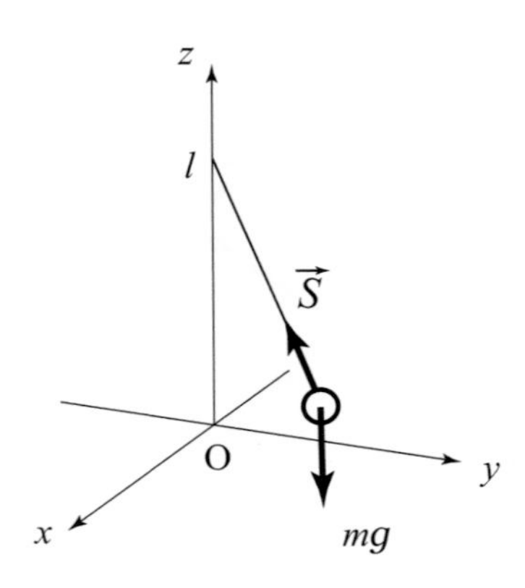

図 7.10: フーコー振り子

となる．ここで，$x \ll l$，$y \ll l$ の微小振動であるとすれば，

$$l - z = \sqrt{l^2 - x^2 - y^2} = l\sqrt{1 - \frac{x^2 + y^2}{l^2}} \sim l\left(1 - \frac{x^2 + y^2}{2l^2}\right)$$

すなわち，

$$z = \frac{x^2 + y^2}{2l} \quad \text{〔m〕}$$

となる．ここで，z は x，y の 2 次の微小量であるので，$z = \dot{z} = \ddot{z} = 0$ とおくことができ，その結果 $S = mg$ と考えてよい．

ここで簡単のために，$\omega_0^2 = \dfrac{g}{l}$ および $\omega_z = \omega \sin\lambda$ とおけば，(7.14) 式は，

$$\ddot{x} = -\omega_0^2 x + 2\omega_z \dot{y} \tag{7.15}$$

$$\ddot{y} = -\omega_0^2 y - 2\omega_z \dot{x} \tag{7.16}$$

となる．

ここで先ほどの平面極座標系を導入する．

$$\begin{aligned} x &= r\cos\theta \\ y &= r\sin\theta \\ \dot{x} &= \dot{r}\cos\theta - r\dot{\theta}\sin\theta \\ \dot{y} &= \dot{r}\sin\theta + r\dot{\theta}\cos\theta \\ \ddot{x} &= (\ddot{r} - r\dot{\theta}^2)\cos\theta - (2\dot{r}\dot{\theta} + r\ddot{\theta})\sin\theta \\ \ddot{y} &= (\ddot{r} - r\dot{\theta}^2)\sin\theta + (2\dot{r}\dot{\theta} + r\ddot{\theta})\cos\theta \end{aligned}$$

となるので，これを (7.15) 式および (7.16) 式に代入して，$\sin\theta$ や $\cos\theta$ で整理すれば，

$$\ddot{r} - r\dot{\theta}^2 = -\omega_0^2 r + 2\,\omega_z r\dot{\theta} \tag{7.17}$$

$$r\ddot{\theta} + 2\dot{r}\dot{\theta} = -2\omega_z \dot{r} \tag{7.18}$$

となる．(7.18) 式の最も簡単な特殊解として，$\dot{\theta} = -\omega_z$ があるので，これを t で積分すれば，β を θ の初期値として，

$$\theta = -\omega_z t + \beta \quad \text{〔rad〕} \tag{7.19}$$

が得られる．これは角速度 $-\omega \sin\lambda$ で自転とは逆方向に回転することを示しており，フーコー振り子の特徴をよく表している．すなわち，北極点や南極点では一日一周回転し，赤道上では回転しない．

(7.19) 式を (7.17) 式に代入すれば，

$$\ddot{r} - \omega_z^2 r = -\omega_0^2 r - 2\omega_z^2 r$$

となり，$\omega_0 \gg \omega_z$ であるため，

$$\ddot{r} = -(\omega_0^2 + \omega_z^2) r \sim -\omega_0^2 r \quad \text{〔m/s}^2\text{〕}$$

となり，角速度 ω_0 の単振動，すなわちフーコー振り子の微小振動を示していることに他ならない．

第8章　剛体のつりあいと回転

これまで物体の運動は，質量が一点に集中している質点や，それが複数ある質点系に限って論じてきた．これをさらに現実に存在する物体に近づけるために，**剛体**という概念を導入する．剛体とは，変形しないという仮定をした理想的な形のある物体を示す．

8.1　自由度と運動方程式

ここでは，物体の持つ**自由度**について考える．自由度とは，物体が持つ変数のうち独立に選べるものの数のことで，例えば質点の位置を決めるためには，直交系で示せば (x, y, z) の3つが必要となる．したがって，その運動を記述しようとすれば，3つの運動方程式，

$$m\frac{\mathrm{d}^2\vec{r}}{\mathrm{d}t^2} = \vec{F}$$

を必要とし，その3つの成分 (x, y, z) がそれに対応する．

さて，図8.1(a) のように，2質点が結合すれば自由度はどうなるか，考えてみよう．例えば，2原子分子となったときのことを考える．1つの質点の自由度はそれぞれ3なので自由度は $3+3=6$ となるように思えるが，質点間の距離は固定されるので自由度は1つ減る．すなわち，$3+3-1=5$ となる．続いて図8.1(b) のように，3質点を考える．このとき，自由度3の加えた質点の位置を固定するために，2つの結合を必要とするため，自由度は $5+3-2=6$ となる．さらに4質点では加えた自由度3の質点を固定するために，図8.1(c) のように，3つの結合が必要となるため，自由度は $6+3-3=6$ となる．質点の数が5を越えても，図8.1(d) のように，加えた質点の自由度が3つ加わり，同時にそれを固定する3つの結合のためにその自由度を失うため，質点の数はどれだけ増えても自由度は6に保たれる．このことは物体が剛体として無限の質点数となっても変わらない．

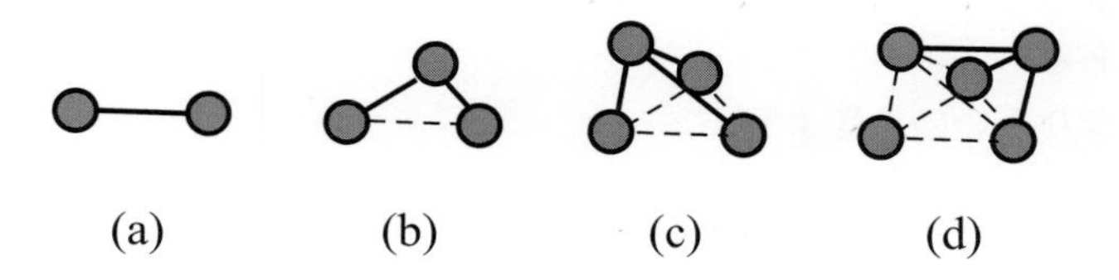

図8.1: 質点の数と自由度

自由度が 6 である剛体の運動を決定するためには 6 つの運動方程式が必要となるが，それは重心の運動方程式，

$$M\frac{\mathrm{d}^2\vec{r}_G}{\mathrm{d}t^2} = \vec{F}$$

と，重心のまわりの回転の運動方程式，

$$\frac{\mathrm{d}\vec{L}}{\mathrm{d}t} = \vec{N}$$

がそれぞれ 3 つの成分を持つため，それらによって決定できる．

8.2　剛体のつりあい

質量が一点に集中している質点の場合には，力の合力が 0 となることがつりあいの条件であった．しかしながら形がある剛体では，図 8.2 のように，作用線が一致しないときには剛体は回転し，たとえ合力は 0 であっても力はつりあわない．

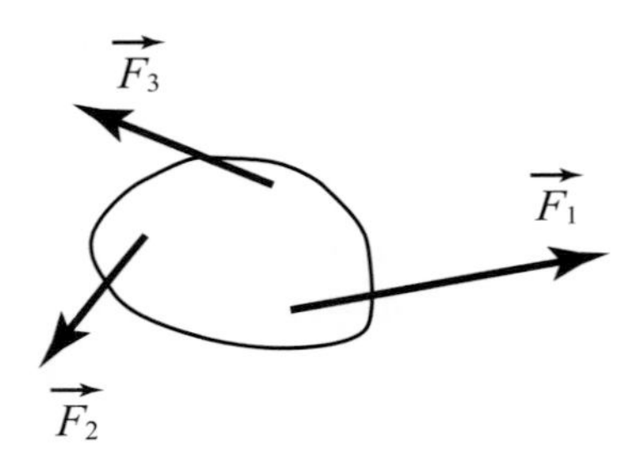

図 8.2: 剛体のつりあいと作用線

力のモーメントとつりあい

剛体の回転を防ぐためには，力のモーメント $\vec{N} = \vec{r} \times \vec{F}$〔Nm〕が 0 となる条件も加える必要がある．図 8.3 のような軽い棒が支点 O で自由に回転できるとする．O より長さ r_1〔m〕の一端の A 点に力 F_1〔N〕が，長さ r_2〔m〕の他端の B 点に力 F_2〔N〕がそれぞれ棒に垂直下向きにかけられ，つりあっているとする．このつりあいの条件を考えるときに忘れてはいけないのは，O から棒に対して上向きの力 F_0〔N〕がかかっていることである．

まず，力のつりあいの条件より，

$$F_0 - F_1 - F_2 = 0$$

すなわち，$F_0 = F_1 + F_2$ が成り立つ必要がある．続いて，力のモーメントのつりあいの条件は，力は全て棒に垂直にかかっているので，O のまわりの力のモーメントを考え

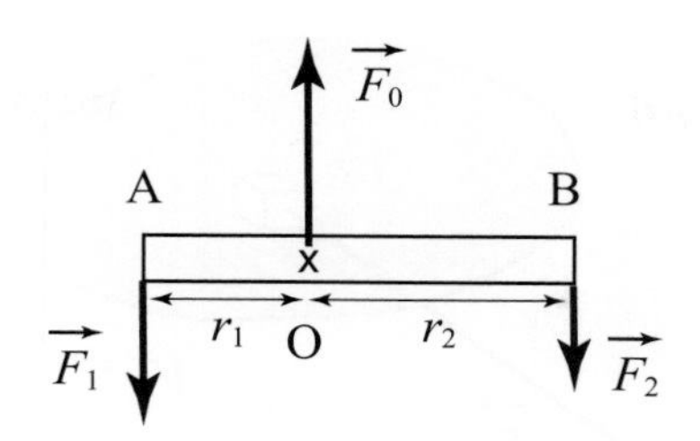

図 8.3: 棒のつりあいと力のモーメント

ると，

$$0 \cdot F_0 + r_1 F_1 - r_2 F_2 = 0$$

すなわち，$r_1 F_1 = r_2 F_2$ が成り立つ必要がある．

例題 8-1　図 8.3 で力の作用点 A および B でも力のモーメントの和が 0 となっていることを示せ．

解　A のまわりの力のモーメントは，

$$0 \cdot F_1 + r_1(F_1 + F_2) - (r_1 + r_2)F_2 = r_1 F_1 - r_2 F_2 = 0$$

となる．同様に，B のまわりの力のモーメントは，

$$(r_1 + r_2)F_1 - r_2(F_1 + F_2) - 0 \cdot F_2 = r_1 F_1 - r_2 F_2 = 0$$

となり，いずれの力のモーメントもつりあっている．

剛体の重心

質点系の重心は，以前に述べたように質量中心の考え方より，

$$\vec{r}_G = \frac{1}{M}\sum_i m_i \vec{r}_i \quad 〔\mathrm{m}〕 \tag{8.1}$$

と定義される．ここで M〔kg〕は全質量 $\sum_i m_i$〔kg〕である．ただ，重力による力のつりあいから重心を求めることも一般的に行われている．例えば，物体をひもでつるせば，ひもの延長上に必ず重心はあるので，物体を 2 か所でつるせば，その 2 つのひもの延長線上の交点に重心は存在する．これは，重力がどの方向であっても，物体の小部分が作る重力の力のモーメントが重心のまわりで 0 となり，つりあうことを示している．

このことを詳しく示すために，図 8.4 のように剛体を，質点とみなせるくらいに十分に小さな小部分に分ける．その i 番目の質量を m_i〔kg〕，ある原点 O からの位置ベク

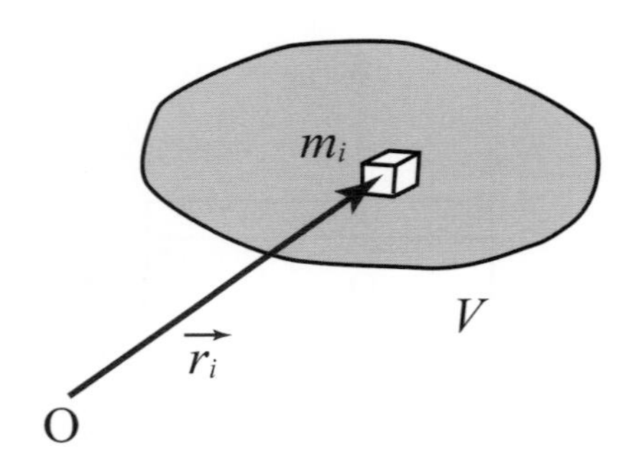

図 8.4: 無限の微小部分と剛体の重心

トルを $\vec{r}_i$〔m〕，剛体をある方向に向けたときの重力加速度を $\vec{g}$〔m/s^2〕とする．剛体に働く重力の力のモーメントの和は，点 O のまわりで，

$$\sum_i (\vec{r}_i \times m_i\vec{g})$$

と表すことができる．ここで，外部から力を加える点 G の位置ベクトルを $\vec{r}_G$〔m〕とすれば，加える力は力のつりあいより $-\sum_i m_i\vec{g} = -M\vec{g}$ である．したがって，力のモーメントのつりあいの条件は，

$$\sum_i \vec{r}_i \times m_i\vec{g} - \vec{r}_G \times M\vec{g} = \left(\sum_i m_i\vec{r}_i - M\vec{r}_G\right) \times \vec{g} = 0$$

となる．このつりあいの条件は，$\vec{g}$ がどの方向を向いても，あるいは剛体をどの方向に向けても成り立つとすれば，

$$\vec{r}_G = \frac{1}{M}\sum_i m_i\vec{r}_i$$

となり，質量中心の考え方での**重心**と同じことになる．

さて，剛体の重心であるが，(8.1) 式の微小部分 i の数を無限に取る必要があるが，それは数学的には**積分**をとることに他ならない．すなわち，

$$\vec{r}_G = \frac{1}{M}\lim_{N\to\infty}\sum_i^N m_i\vec{r}_i = \frac{1}{M}\int_{\mathrm{V}} \vec{r}\mathrm{d}m$$

となる．ここで，V は剛体全体を，dm〔kg〕は微小質量を示す．剛体の密度を ρ〔kg/m^3〕とおけば，

$$\vec{r}_G = \frac{1}{M}\int_V \rho\vec{r}\mathrm{d}v \tag{8.2}$$

となる．ここで dv〔m^3〕は微小体積を示し，d$m = \rho$dv である．この具体的な計算については，後でまとめて示す．

例題 8-2　図 8.5 のように，均質な剛体の棒を滑らかな壁に立てかけた．床の静止摩擦係数が μ_0 のとき，棒が静止するための，棒と壁のなす角度 α〔rad〕の条件を求めよ．

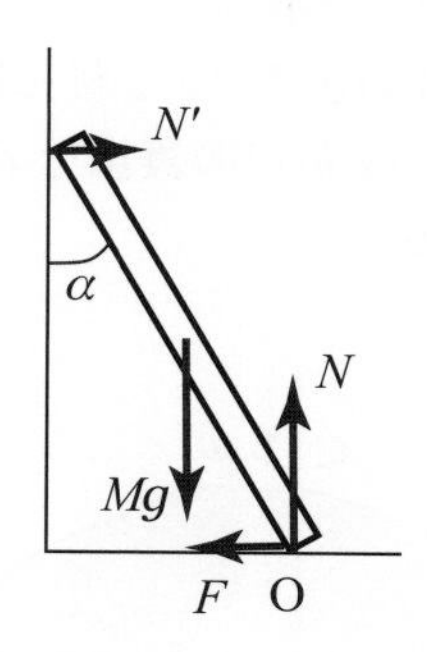

図 8.5: 壁に立てかけた棒

解　棒の長さを l〔m〕，質量を M〔kg〕，床の垂直抗力を N〔N〕，摩擦力を F〔N〕，壁の垂直抗力を N'〔N〕および重力加速度の大きさを g〔m/s^2〕とおけば，力のつりあいの条件は，鉛直および水平方向にそれぞれ，

$$N = Mg,\ F = N'$$

となる．また，棒が床に接触する点 O のまわりの力のモーメントのつりあいは，

$$\frac{l}{2}Mg\sin\alpha - lN'\sin\left(\alpha + \frac{\pi}{2}\right) = 0$$

である．これらの式より，

$$F = \frac{1}{2}N\tan\alpha$$

となる．一方，滑らないためには，$F \leq \mu_0 N$ だから，滑らない条件は，

$$\tan\alpha \leq 2\mu_0$$

となる．

8.3　剛体の回転

力の和が 0 でなくなれば物体は並進を始めるのと同様に，力のモーメントの和が 0 でなくなれば物体は回転を始める．物体の回転運動の最も簡単な例として，z 軸のまわりでの回転を考えよう．

剛体の回転の運動方程式と慣性モーメント

回転の運動方程式は,

$$\frac{\mathrm{d}\vec{L}}{\mathrm{d}t} = \vec{N}$$

と書くことができる．ここで図 8.6 のように，z 軸に回転軸をとる．剛体は，図に示すように多くの小部分に分割し，その i 番目の質量を m_i〔kg〕，そこから回転軸までの距離を $R_i = \sqrt{x_i^2 + y_i^2}$〔N〕とする．

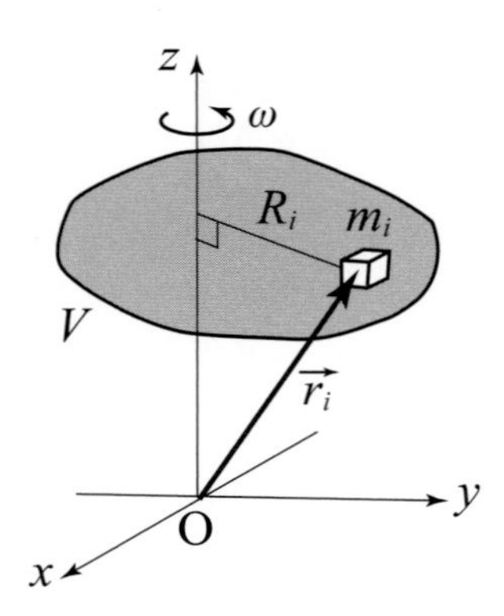

図 8.6: 剛体の回転

まず，力のモーメント $\vec{N}$〔Nm〕について考える．以前に述べたように，小部分に働く力には，剛体の外から働く外力 $\vec{F_i}$〔N〕と，剛体の中で小部分相互に働く内力 $\vec{f_{ij}}$〔N〕がある．したがって，$\vec{N}$ は,

$$\vec{N} = \sum_i \vec{r_i} \times \vec{F_i} + \sum_i \sum_{j \neq i} \vec{r_i} \times \vec{f_{ij}}$$

である．ここで，$\vec{f_{ij}}$ にはその対として $\vec{f_{ji}}$ が必ず存在し，作用・反作用の法則により，$\vec{f_{ji}} = -\vec{f_{ij}}$ である．したがって,

$$\vec{r_i} \times \vec{f_{ij}} + \vec{r_j} \times \vec{f_{ji}} = (\vec{r_i} - \vec{r_j}) \times \vec{f_{ij}}$$

となる．ここで $\vec{r_i} - \vec{r_j}$ と $\vec{f_{ij}}$ は必ず同じ方向を持つので，その外積は 0 となる．したがって,

$$\vec{N} = \sum_i \vec{r_i} \times \vec{F_i}$$

となり，$\vec{N}$ は外力についてのみ考えればよい．

続いて，$\vec{L}$ の z 成分 L_z について考える．小部分 i の L の z 成分，L_{iz} は,

$$L_{iz} = m_i(\vec{r_i} \times \vec{v_i})_z = m_i(x_i\dot{y}_i - y_i\dot{x}_i)$$

となる．ここで円柱座標系 (r, θ, z) を用いると，

$$x_i = R_i \cos\theta_i,\ y_i = R_i \sin\theta_i$$
$$\dot{x}_i = -R_i\dot{\theta}_i \sin\theta_i,\ \dot{y}_i = R_i\dot{\theta}_i \cos\theta_i$$

となる．ここで，剛体中のどの小部分 i でも $\dot{\theta}_i = \omega$ となるので，

$$L_{iz} = m_i R_i^2 \omega(\cos^2\theta_i + \sin^2\theta_i) = m_i R_i^2 \omega$$

である．したがって，剛体全体の角運動量の z 成分は，

$$L_z = \sum_i m_i R_i^2 \omega = I\omega \qquad 〔\mathrm{kgm^2/s}〕$$

と書くことができる．ここで $I = \sum_i m_i R_i^2$ 〔$\mathrm{kgm^2}$〕のことを**慣性モーメント**と呼ぶ．したがって，回転の運動方程式をまとめれば，

$$I\frac{\mathrm{d}\omega}{\mathrm{d}t} = N_z \tag{8.3}$$

と書くことができる．

剛体を無限の小成分の集まりと考えれば，I は積分を使って，

$$I = \int_V R^2 \mathrm{d}m = \int_V \rho R^2 \mathrm{d}v \tag{8.4}$$

と書くことができる．記号は重力の積分計算を行ったときと同じ意味である．

最後に，全運動エネルギーを計算すれば，

$$T = \frac{1}{2}\sum_i m_i (R_i\omega)^2 = \frac{1}{2}\sum_i m_i R_i^2 \omega^2 = \frac{1}{2}I\omega^2$$

である．したがって，並進運動の m や $\vec{v}$ が，回転運動での I や ω とよく対応している．

例題8-3　図8.7のように，長さ l〔m〕の軽い棒の両端に質量 M〔kg〕および $m(M > m)$〔kg〕の質点を取り付けた．棒の中心に軸を通し，鉛直面内で自由に回転できるようにした．棒の回転の運動方程式を導出し，微小振動の場合の固有角振動数 ω_0〔rad/s〕を求めよ．

解　棒の中心から質点までの距離はいずれも $\dfrac{l}{2}$ なので，慣性モーメントは，

$$I = \sum_i m_i R_i^2 = M\left(\frac{l}{2}\right)^2 + m\left(\frac{l}{2}\right)^2 = \frac{1}{4}(M + m)l^2$$

である．一方，力のモーメントの大きさは，棒の傾きを θ とすれば，

$$N = -\frac{l}{2}Mg\sin\theta + \frac{l}{2}mg\sin\theta = -\frac{l}{2}(M - m)g\sin\theta$$

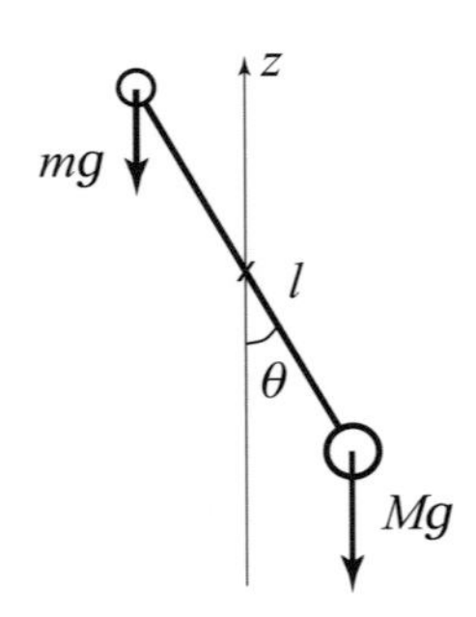

図 8.7: 2質点についた棒の微小振動

となるので，回転の運動方程式は，

$$\frac{1}{4}(M+m)l^2\frac{\mathrm{d}^2\theta}{\mathrm{d}t^2} = -\frac{l}{2}(M-m)g\sin\theta$$

である．

これより，微小振動 $\sin\theta \sim \theta$ とすれば，

$$\frac{\mathrm{d}^2\theta}{\mathrm{d}t^2} = -\frac{2(M-m)}{M+m}\frac{g}{l}\theta$$

となるので，

$$\omega_0 = \sqrt{\frac{2(M-m)}{M+m}\frac{g}{l}}$$

である．

重心と慣性モーメントの計算

それでは積分を用いて，重心と慣性モーメントを，実際にいくつかの剛体を例として求めてみよう．

(1) 一様な棒

まず，図 8.8 のような，一定の線密度の細い棒を考える．質量を M〔kg〕，長さを l〔m〕とすれば，線密度は $\rho = \dfrac{M}{l}$〔kg/m〕である．図のように，棒と同じ向きに x 軸，棒の中央を通り x 軸に垂直な方向に z 軸をとり，そのまわりで回転運動させるとする．

この棒の重心は棒の中心 $x = 0$ m にあることは自明であるけれども，重心を積分によって求める例として計算する．$x = x$ に微小長さ Δx〔m〕をとると，その部分の微小質量は，

$$\Delta m = \rho\Delta x = \frac{M}{l}\Delta x \quad 〔\mathrm{kg}〕$$

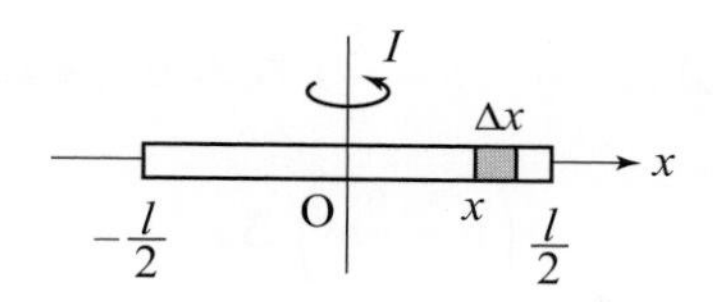

図 8.8: 一様な棒の重心と慣性モーメント

である．したがって，

$$x_G = \frac{1}{M}\int_{-l/2}^{l/2} \frac{M}{l} x \mathrm{d}x = \frac{1}{l}\left[\frac{x^2}{2}\right]_{-l/2}^{l/2} = 0 \quad \mathrm{m}$$

となる．

続いて，上の微小質量がつくる微小慣性モーメントは，

$$\Delta I = \Delta m \cdot x^2 = \frac{M}{l} x^2 \Delta x$$

である．回転軸からの距離は $|x|$ で表すことができるので，

$$I = \int_{-l/2}^{l/2} \frac{M}{l} x^2 \mathrm{d}x = \frac{M}{l}\left[\frac{x^3}{3}\right]_{-l/2}^{l/2} = \frac{1}{12} M l^2 \quad 〔\mathrm{kgm}^2〕$$

となる．

(2) 薄い直角三角形

次に，図 8.9 で示すような，辺の長さが a〔m〕および b〔m〕，質量が M〔kg〕の薄い直角三角形の重心と慣性モーメントを求める．図のように，辺 a および b の方向をそれぞれ x，y 軸とする．

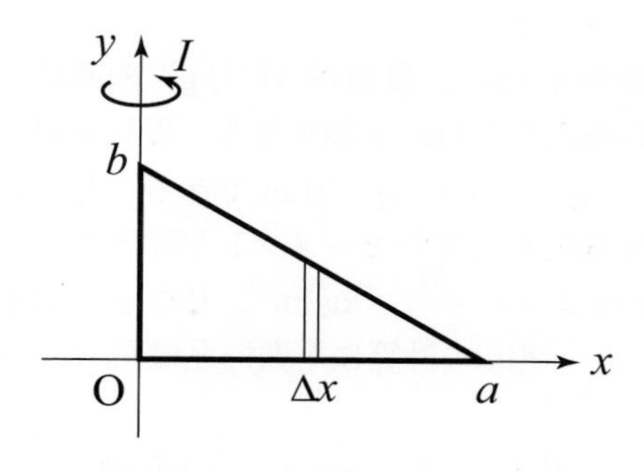

図 8.9: 直角三角形の重心と慣性モーメント

まず x 方向の重心を求める．図に示すように，x〔m〕が等しい部分に微小な幅 Δx

〔m〕を考える．斜辺の方程式は，$y = b - \frac{b}{a}x$ なので，その小部分の面積は，

$$\left(b - \frac{b}{a}x\right)\Delta x$$

である．ここで直角三角形の面積は $\frac{ab}{2}$〔$\mathrm{m^2}$〕なので，その面密度は $\frac{2M}{ab}$〔$\mathrm{kg/m^2}$〕となり，その微小質量 Δm〔kg〕は，

$$\Delta m = \frac{2M}{ab}\left(b - \frac{b}{a}x\right)\Delta x = \frac{2M}{a}\left(1 - \frac{x}{a}\right)\Delta x$$

である．したがって，x 方向の重心 x_G は，

$$x_G = \frac{1}{M}\int_0^a \frac{2M}{a}\left(1 - \frac{x}{a}\right)x\mathrm{d}x = \frac{2}{a}\left[\frac{x^2}{2} - \frac{x^3}{3a}\right]_0^a = \frac{a}{3} \quad 〔\mathrm{m}〕$$

となる．y 軸方向も重心も同じように，$y_G = \frac{b}{3}$〔m〕となる．

次に，y 軸のまわりの回転を考えれば，回転軸からの距離は $|x|$ で表すことができるので，上記の小部分の微小慣性モーメントは，

$$\Delta I = x^2\Delta m = \frac{2M}{ab}\left(b - \frac{b}{a}x\right)x^2\Delta x = \frac{2M}{a}\left(1 - \frac{x}{a}\right)x^2\Delta x$$

なので，全体の慣性モーメントは，

$$\begin{aligned} I &= \int_0^a \frac{2M}{a}\left(1 - \frac{x}{a}\right)x^2\mathrm{d}x = \frac{2M}{a}\int_0^a\left(x^2 - \frac{x^3}{a}\right)\mathrm{d}x = \frac{2M}{a}\left[\frac{x^3}{3} - \frac{x^4}{4a}\right]_0^a \\ &= \frac{1}{6}Ma^2 \quad 〔\mathrm{kgm^2}〕\end{aligned}$$

である．x 軸のまわりの慣性モーメントも同じように，$\frac{1}{6}Mb^2$〔$\mathrm{kgm^2}$〕となる．

(3) 円板の重心と慣性モーメント

図 8.10 のような，半径が a〔m〕，質量が M〔kg〕の薄い円板を考える．円板の中心を原点 O とし，円板面のある方向に x 軸をとる．形状の対称性から考えれば，重心の位置は原点 O すなわち $x_G = y_G = z_G = 0$ m であることは明白であろう．

円板に垂直な z 軸を回転軸とした慣性モーメントを導出する．円板の面積は πa^2〔$\mathrm{m^2}$〕であるので，円板の面密度は $\rho = \frac{M}{\pi a^2}$〔$\mathrm{kg/m^2}$〕となる．剛体の形状が円形であるので，慣性モーメント $I = \int_{\mathrm{V}} r^2\mathrm{d}m$ の計算に平面極座標系 (r, θ) を用いることにしよう．上の式で，

$$\mathrm{d}m = \rho\mathrm{d}r \cdot r\mathrm{d}\theta = \frac{M}{\pi a^2}r\mathrm{d}r\mathrm{d}\theta$$

であるので，

$$I = \frac{M}{\pi a^2}\int_0^a r^3\mathrm{d}r\int_0^{2\pi}\mathrm{d}\theta = \frac{M}{\pi a^2}\left[\frac{r^4}{4}\right]_0^a[\theta]_0^{2\pi} = \frac{1}{2}Ma^2 \quad 〔\mathrm{kgm^2}〕$$

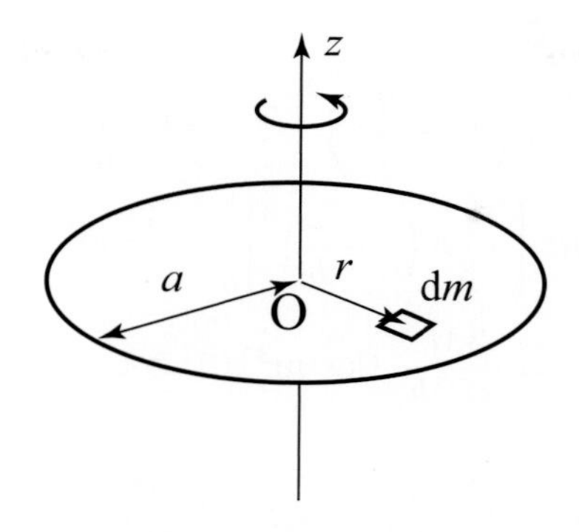

図 8.10: 円板の重心と慣性モーメント

となる．

(4) 円錐の重心と慣性モーメント

図 8.11 に示すように，底面の半径が R〔m〕，高さが h〔m〕，質量が M〔kg〕の円錐を考える．底面の中心を原点 O とし，錐の方向に z 軸，底面のある方向に x 軸をとる．

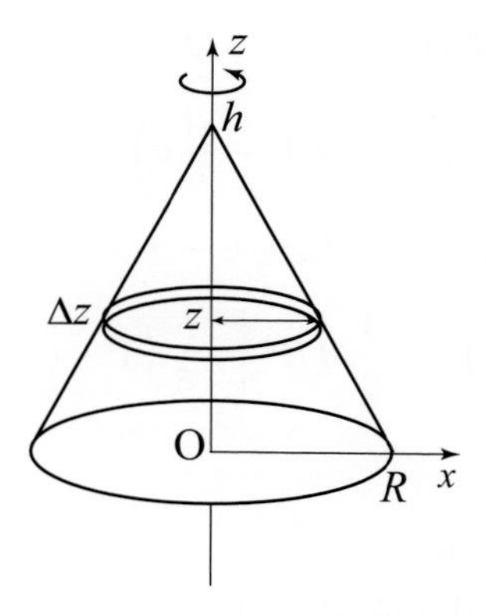

図 8.11: 円錐の重心と慣性モーメント

まず，重心を求める．形状の対称性から言って，$x_G = y_G = 0$ m であることは自明であろう．円錐の体積 V〔m^3〕は，自明とは言えないので計算して求める．図のように z〔m〕の高さに微小幅 Δz〔m〕をとるとその円の半径は $R - \dfrac{R}{h}z$〔m〕であるので，その微小体積 ΔV〔m^3〕は，

$$\Delta V = \pi \left(R - \frac{R}{h} z \right)^2 \Delta z$$

となり，全体積 V は積分して，

$$\begin{aligned} V &= \int_0^h \pi\left(R-\frac{R}{h}z\right)^2 \mathrm{d}z = \pi R^2 \int_0^h \left(1-\frac{z}{h}\right)^2 \mathrm{d}z \\ &= \pi R^2 \left[-\frac{1}{3}h\left(1-\frac{z}{h}\right)^3\right]_0^h = \frac{1}{3}\pi R^2 h \quad 〔\mathrm{m}^3〕 \end{aligned}$$

となる．すなわち，$\rho = \dfrac{M}{V} = \dfrac{3M}{\pi R^2 h}$ 〔kg/m^3〕である．

さて，z 方向の重心は，

$$\begin{aligned} z_G &= \frac{1}{M}\int_0^h \rho\pi\left(R-\frac{R}{h}z\right)^2 z\mathrm{d}z = \frac{\rho\pi R^2}{M}\int_0^h \left(1-\frac{z}{h}\right)^2 z\mathrm{d}z \\ &= \frac{3}{h}\int_0^h \left(z-\frac{2}{h}z^2+\frac{1}{h^2}z^3\right)\mathrm{d}z = \frac{3}{h}\left[\frac{1}{2}z^2-\frac{2}{3h}z^3+\frac{1}{4h^2}z^4\right]_0^h \\ &= \frac{3}{h}\left(\frac{1}{2}-\frac{2}{3}+\frac{1}{4}\right)h^2 = \frac{h}{4} \quad 〔\mathrm{m}〕 \end{aligned}$$

となる．

さて，上記の重心の計算で用いた微小体積は，半径 $R-\dfrac{R}{h}z$ で，質量，

$$\rho\Delta V = \frac{3M}{\pi R^2 h}\cdot\pi\left(R-\frac{R}{h}z\right)^2 \Delta z = 3M\left(1-\frac{z}{h}\right)^2 \Delta z$$

の円板であるので，その微小慣性モーメントは，(3) の円板の計算より，

$$\Delta I = \frac{1}{2}3M\left(1-\frac{z}{h}\right)^2 \Delta z\cdot\left(R-\frac{R}{h}z\right)^2 = \frac{3}{2}MR^2\left(1-\frac{z}{h}\right)^4 \Delta z$$

と考えることができる．したがって，慣性モーメントは，

$$I = \int_0^h \frac{3}{2}MR^2\left(1-\frac{z}{h}\right)^4 \mathrm{d}z = \frac{3}{2}MR^2\left[-\frac{h}{5}\left(1-\frac{z}{h}\right)^5\right]_0^h = \frac{3}{10}MR^2 \quad 〔\mathrm{kgm}^2〕$$

である．

(5) 半球の重心と慣性モーメント

図 8.12 に示すように，球の中心を原点 O とし，その切断面に x，y 軸，それと垂直の方向に z 軸をとる．全質量を M〔kg〕とする．

まず，重心を求めよう．対称性を考えれば，$x_G = y_G = 0$ m となることは自明である．形状が球形であるので，ここでは極座標系 (r, θ, ϕ) を用いることにする．z 軸方向の重心は，

$$z_G = \frac{1}{M}\int z\mathrm{d}m$$

である．極座標系を用いれば，

$$\begin{aligned} z &= r\cos\theta \\ \mathrm{d}m &= \rho\mathrm{d}r\cdot r\mathrm{d}\theta\cdot r\sin\theta\mathrm{d}\phi \end{aligned}$$

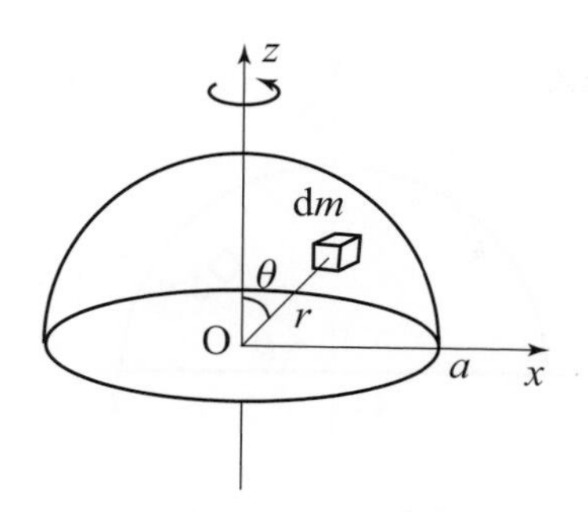

図 8.12: 半球の重心と慣性モーメント

となる．ここで球の半径を a〔m〕とすれば，半球の体積は $\dfrac{2\pi a^3}{3}$〔m^3〕なので，密度は $\rho = \dfrac{3M}{2\pi a^3}$〔$\mathrm{kg/m}^3$〕となり，

$$\begin{aligned} z_G &= \frac{1}{M}\int_0^a \frac{3M}{2\pi a^3} r^3 \mathrm{d}r \int_0^{\pi/2} \cos\theta \sin\theta \mathrm{d}\theta \int_0^{2\pi} \mathrm{d}\phi \\ &= \frac{3}{2\pi a^3}\left[\frac{r^4}{4}\right]_0^a \left[-\frac{1}{4}\cos 2\theta\right]_0^{\pi/2} [\phi]_0^{2\pi} = \frac{3}{8}a \quad \text{〔m〕} \end{aligned}$$

と求めることができる．ここで，二倍角の公式 $\sin\theta\cos\theta = \dfrac{\sin 2\theta}{2}$ を用いた．

続いて，z 軸のまわりの慣性モーメント I_z を導出する．回転軸である z 軸からの距離は $r\sin\theta$ であるので，

$$\begin{aligned} I_z &= \int (r\sin\theta)^2 \mathrm{d}m = \frac{3M}{2\pi a^3}\int_0^a r^4 \mathrm{d}r \int_0^{\pi/2} \sin^3\theta \mathrm{d}\theta \int_0^{2\pi} \mathrm{d}\phi \\ &= \frac{3M}{2\pi a^3}\left[\frac{r^5}{5}\right]_0^a \left[X - \frac{X^3}{3}\right]_{-1}^0 [\phi]_0^{2\pi} = \frac{2}{5}Ma^2 \quad \text{〔kgm}^2\text{〕} \end{aligned}$$

である．ここで，θ については $X = -\cos\theta$ と置換して積分を行った．

例題 8-4　図 8.13 のような，半径 a〔m〕，質量 M〔kg〕の半円板の重心の位置および対称軸のまわりの慣性モーメントを求めよ．

解　図のように円の中心を原点 O とし，切断面に x 軸，それと垂直に対称軸である y 軸をとる．まず，重心を求める．対称性を考えれば，$x_G = 0$ m すなわち y 軸上にあることは自明である．y 軸方向の重心の位置を考えるために，

$$y_G = \frac{1}{M}\int y \mathrm{d}m \quad \text{〔m〕}$$

から始める．半円の面積は $\dfrac{\pi a^2}{2}$〔m^2〕であるので，面密度は $\rho = \dfrac{2M}{\pi a^2}$〔$\mathrm{kg/m}^2$〕とな

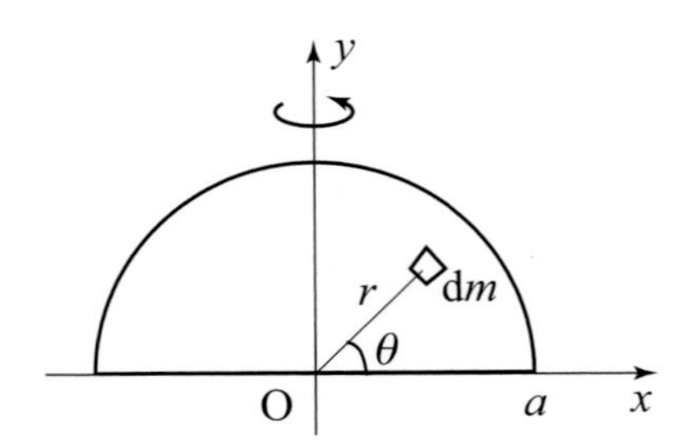

図 8.13: 半円板の重心と慣性モーメント

る．ここで平面極座標系を用いれば，

$$\begin{aligned} y &= r\sin\theta \\ \mathrm{d}m &= \rho\mathrm{d}r\cdot r\mathrm{d}\theta \end{aligned}$$

なので，

$$y_G = \frac{1}{M}\int_0^a \frac{2M}{\pi a^2} r^2 \mathrm{d}r \int_0^\pi \sin\theta \mathrm{d}\theta = \frac{2}{\pi a^2}\left[\frac{r^3}{3}\right]_0^a [-\cos\theta]_0^\pi = \frac{2}{\pi a^2}\cdot\frac{a^3}{3}\cdot 2 = \frac{4}{3\pi}a \quad \text{〔m〕}$$

である．

次に，y 軸（対称軸）のまわりの慣性モーメント I_y を考える．回転軸からの距離は $x = r\cos\theta$ なので，

$$\begin{aligned} I_y &= \int x^2 \mathrm{d}m = \rho\int_0^a \mathrm{d}r \int_0^\pi \mathrm{d}\theta\,(r\cos\theta)^2 r = \frac{2M}{\pi a^2}\int_0^a r^3 \mathrm{d}r \int_0^\pi \cos^2\theta \mathrm{d}\theta \\ &= \frac{2M}{\pi a^2}\left[\frac{r^4}{4}\right]_0^a \left[\frac{1}{2}\left(\theta + \frac{1}{2}\sin 2\theta\right)\right]_0^\pi = \frac{2M}{\pi a^2}\cdot\frac{a^4}{4}\cdot\frac{\pi}{2} = \frac{1}{4}Ma^2 \quad \text{〔kgm}^2\text{〕} \end{aligned}$$

となる．ここで，2 倍角の公式 $\cos^2\theta = \dfrac{1+\cos 2\theta}{2}$ を用いた．

平行軸の定理

慣性モーメントの計算は，このように機械的な計算によって導くことはできるが，さらに容易に計算できる手法として，2 つの定理を，それが成り立つ理由とともに紹介したい．

第一は，**平行軸の定理**と呼ばれるものである．図 8.14 に示すように，回転軸が重心を通っているときのある方向の慣性モーメント I_G〔kgm^2〕がわかっているとき，その回転軸と平行で h〔m〕だけ離れているとき，その回転軸のまわりのまわりの慣性モーメント I〔kgm^2〕は，

$$I = I_G + Mh^2 \tag{8.5}$$

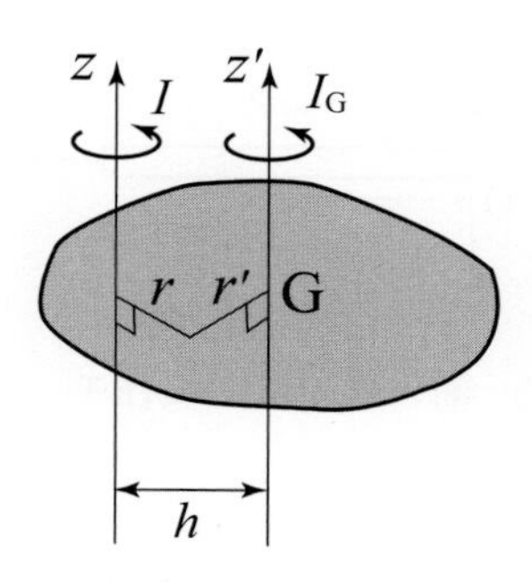

図 8.14: 平行軸の定理

で表すことができる．

この定理を求めるために，図 8.14 に表すように，この剛体の回転軸を z 軸とする．この軸と平行で重心 G を通る回転軸を重心系の z' とし，その間隔は h である．z 軸のまわりの慣性モーメントは，

$$I = \int_V r^2 \mathrm{d}m = \int_V (x^2 + y^2)\mathrm{d}m$$

である．これを重心系 $(x',\, y',\, z')$ に変換すれば，

$$\begin{aligned} I &= \int_V \left\{(x' + x_G)^2 + (y' + y_G)^2\right\} \mathrm{d}m \\ &= \int_V (x'^2 + y'^2)\mathrm{d}m + \int_V (x_G^2 + y_G^2)\mathrm{d}m + 2\int_V (x' x_G + y' y_G)\mathrm{d}m \end{aligned}$$

ここで，

$$\int_V (x_G^2 + y_G^2)\mathrm{d}m = \int_V h^2 \mathrm{d}m = Mh^2,\ \int_V x'\mathrm{d}m = \int_V y'\mathrm{d}m = 0$$

なので，

$$I = I_G + Mh^2 \quad 〔\mathrm{kgm^2}〕$$

となる．この定理より，重心を通る回転軸のまわりの慣性モーメントは，それと平行な回転軸の中で最小の慣性モーメントを持つことがわかる．

例題 8-5　長さ l〔m〕，質量 M〔kg〕の一様な細い棒の端の，棒に垂直な回転軸のまわりの慣性モーメントを，平行軸の定理を用いて求めよ．

解　図 8.15 のように，棒の端のまわりの回転軸は，棒の重心である中心のまわりの回転軸から $\dfrac{l}{2}$ だけの間隔を持つ．$I_G = \dfrac{1}{12}Ml^2$ なので，

$$I = I_G + Mh^2 = \frac{1}{12}Ml^2 + M\left(\frac{l}{2}\right)^2 = \left(\frac{1}{12} + \frac{1}{4}\right)Ml^2 = \frac{1}{3}Ml^2 \quad 〔\mathrm{kgm^2}〕$$

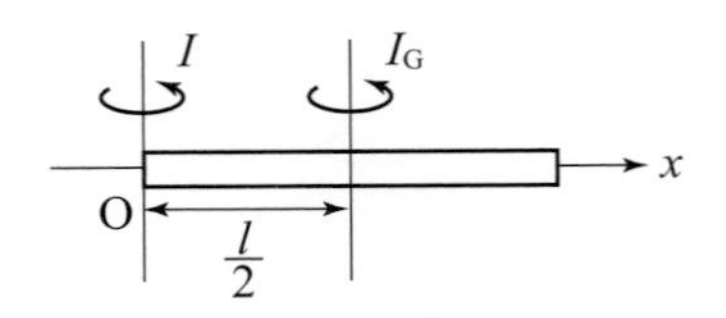

図 8.15: 細い棒の端の慣性モーメント

である．

平面図形の定理

剛体が平面状であれば，その面に x，y 軸をとれば，その剛体はすべて $z=0$ m に存在する．図 8.16 はその一例を示す．

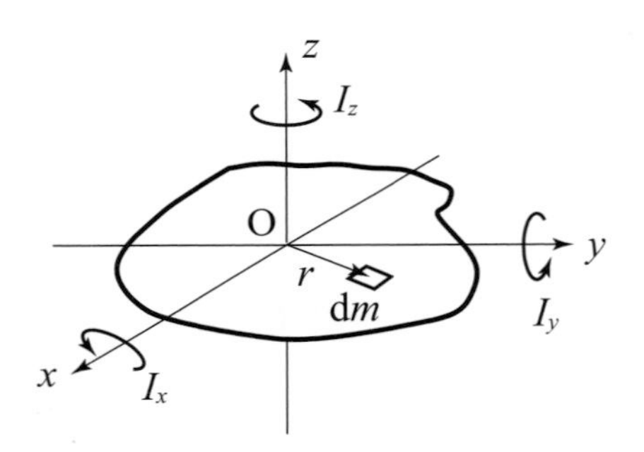

図 8.16: 平面図形の定理

この剛体の z 軸のまわりの慣性モーメントは，$I_z=\int_{\mathrm{V}} r^2\mathrm{d}m$〔kgm^2〕で表すことができるが，$z=0$ にしか剛体は存在しないので，

$$I_z=\int_{\mathrm{V}}(x^2+y^2)\mathrm{d}m=\int_{\mathrm{V}} x^2\mathrm{d}m+\int_{\mathrm{V}} y^2\mathrm{d}m$$

となる．ここで，$\int_{\mathrm{V}} x^2\mathrm{d}m$ は y 軸のまわりの慣性モーメント I_y〔kgm^2〕，$\int_{\mathrm{V}} y^2\mathrm{d}m$ は x 軸のまわりの慣性モーメント I_x〔kgm^2〕を示すので，

$$I_z=I_x+I_y \tag{8.6}$$

である．これを，**平面図形の定理**と呼ぶ．

例題 8-6　全質量が M〔kg〕，辺の長さが $2a$〔m〕および $2b$〔m〕の薄い長方形板がある．図 8.17 のように，その中心を原点 O として，それぞれの辺の方向に x，y 軸を

とる．板と垂直な方向の z 軸のまわりの慣性モーメント I_z〔kgm^2〕を平面図形の定理を用いて求めよ．

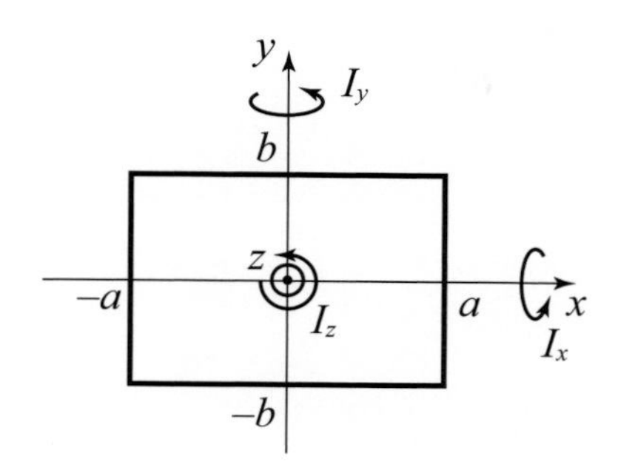

図 8.17: 薄い長方形板

解　I_z を直接求めることは難しいので，x，y 軸のまわりの慣性モーメント I_x，I_y を求めて，これより I_z を求める．I_x は x 軸より y 離れた部分に Δy〔m〕の幅の部分の微小質量は，$\Delta m = \rho 2a\Delta y$〔kg〕である．ここで，$\rho = \dfrac{M}{4ab}$〔kg/m^3〕なので，

$$I_x = \int_{\mathrm{V}} y^2 \mathrm{d}m = \int_{-b}^{b} y^2 \frac{M}{4ab} 2a\mathrm{d}y = \frac{M}{2b}\int_{-b}^{b} y^2 \mathrm{d}y = \frac{M}{2b}\left[\frac{y^3}{3}\right]_{-b}^{b} = \frac{1}{3}Mb^2$$

となる．同様に，$I_y = \frac{1}{3}Ma^2$ である．平面図形の定理より．

$$I_z = I_x + I_y = \frac{1}{3}M(a^2 + b^2) \quad 〔\mathrm{kgm}^2〕$$

となる．

第9章　剛体の運動

剛体の運動は，その重心の並進運動と，そのまわりの回転運動の重ね合わせと考えることができることは，前に述べた．この章では，剛体の運動の具体的な例を示す．

9.1　剛体の回転運動

まず，剛体の回転運動だけを考える．

物理振り子

剛体に回転軸を通し，剛体全体を振り子としたものを**物理振り子**あるいは実体振り子と呼ぶ．図 9.1 にその一例を示す．剛体の重心は G にあり，点 O を通る軸を回転軸とする．また，この剛体の O を通る回転軸のまわりの慣性モーメントを I〔kgm^2〕とする．この剛体に働く重力は G に全てが集まり，大きさは Mg〔N〕である．

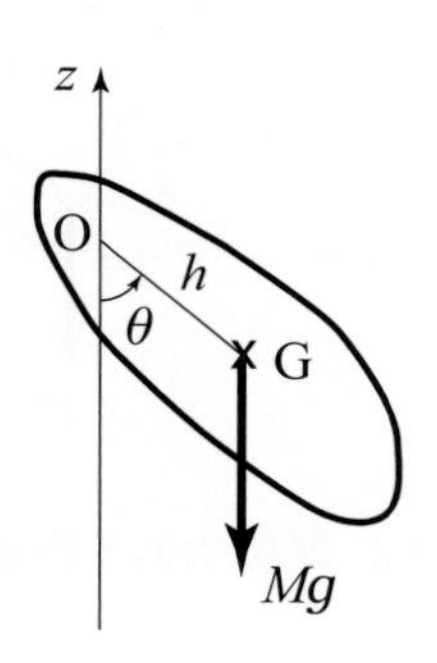

図 9.1: 物理振り子

O から G の方向の $\vec{r}$〔m〕に対応するベクトルの方向と，重力ベクトルの方向のなす角度は θ〔rad〕であるので，O のまわりの力のモーメントの大きさは $Mgh\sin\theta$〔Nm〕であるが，これは θ を小さくする方向に働く．したがって回転の運動方程式は，

$$I\frac{\mathrm{d}^2\theta}{\mathrm{d}t^2} = -Mgh\sin\theta$$

となる．これは単振り子の運動方程式と同じ形をしている．

微小振動を仮定すれば，$\sin\theta \sim \theta$ となり，これより，

$$\ddot{\theta} = -\frac{Mgh}{I}\theta$$

となり，単振動，

$$\theta = A\sin(\omega t + \alpha)$$

を表す．ただし，

$$\omega = \sqrt{\frac{Mgh}{I}} \quad 〔\mathrm{rad/s}〕$$

となる．したがって周期は，

$$T = \frac{2\pi}{\omega} = 2\pi\sqrt{\frac{I}{Mgh}} \quad 〔\mathrm{s}〕$$

となる．

摩擦のある円運動

図9.2のように，水平で粗い面上のある点Oを中心として，長さ r〔m〕のひもで結ばれた質量 m〔kg〕の質点が，角度 $\theta = 0$ rad から速さ V_0〔m/s〕で回転を始めたとする．動摩擦係数を μ' としたとき，この質点の回転運動を考えよう．特に，摩擦によって停止する時刻と，それまでに回転する角度を求めたい．

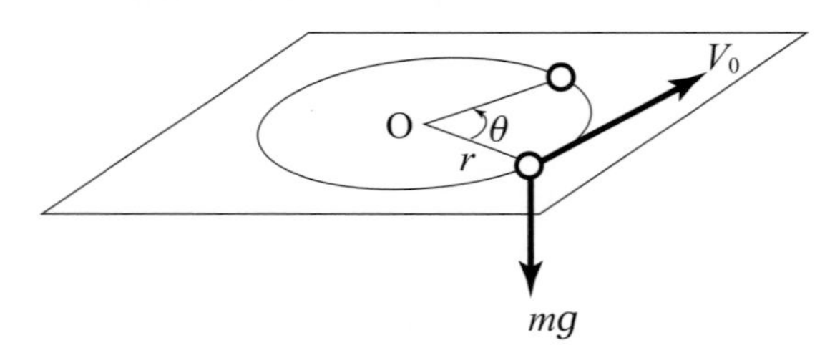

図 9.2: 摩擦のある円運動

まず，回転の運動方程式は，前に述べたように，回転軸方向の成分として，

$$I\frac{\mathrm{d}^2\theta}{\mathrm{d}t^2} = N$$

である．ここでOを中心とする慣性モーメントは $I = mr^2$〔$\mathrm{kgm^2}$〕である．質点にかかる力には向心力と摩擦力がある．向心力 $\vec{F}$〔N〕はOを向いており，質点の位置を示す $\vec{r}$〔m〕とは平行であるので，力のモーメントには寄与しない．摩擦力 $\vec{f}$〔N〕は $\vec{r}$ とは垂直なので，$N = rf = r\mu' mg$〔Nm〕となるが，その方向は θ を減少させる方向に働くため，回転の運動方程式としてまとめれば，

$$mr^2\frac{\mathrm{d}^2\theta}{\mathrm{d}t^2} = -r\mu' mg$$

である．これより，

$$\frac{\mathrm{d}^2\theta}{\mathrm{d}t^2} = -\frac{\mu' g}{r}$$

となる．$t = 0$ s のとき $v = V_0$ なので，

$$\frac{\mathrm{d}\theta}{\mathrm{d}t} = \omega = \frac{V_0}{r}$$

および $\theta = 0$ である．これらを初期値として用いれば，

$$\begin{aligned}\frac{\mathrm{d}\theta}{\mathrm{d}t} &= -\frac{\mu' g}{r}t + \frac{V_0}{r} \\ \theta &= -\frac{\mu' g}{2r}t^2 + \frac{V_0}{r}t\end{aligned}$$

となる．したがって停止するのは，

$$-\frac{\mu' g}{r}t + \frac{V_0}{r} = 0$$

$$\therefore \quad t = \frac{V_0}{\mu' g} \quad 〔\mathrm{s}〕$$

となり，そのときの θ は，

$$\begin{aligned}\theta &= -\frac{\mu' g}{r}\left(\frac{V_0}{\mu' g}\right)^2 + \frac{V_0}{r}\frac{V_0}{\mu' g} = -\frac{V_0^2}{2r\mu' g} + \frac{V_0^2}{r\mu' g} \\ &= \frac{V_0^2}{2r\mu' g} \quad 〔\mathrm{rad}〕\end{aligned}$$

となる．

コマの歳差運動

これまでに考えてきた運動では，剛体に働く力のモーメントの方向は回転軸すなわち角運動量の方向と一致していたため，回転軸の方向は変化しなかった．しかし一般的には，剛体の角運動量と力のモーメントの方向が一致しない運動も数多くある．例えば，**コマの歳差運動**がそれにあたる．

まず図 9.3 に示すように，回転軸を鉛直方向（z 軸方向）として，角速度 $\vec{\omega}$〔rad/s〕で自転する質量 M〔kg〕のコマを考える．座標軸の原点 O はコマの足の位置にあるとする．コマは軸対称であるので，重心 G は z 軸上にある．コマの軸のまわりの慣性モーメントを I〔kgm^2〕とすれば，O を基準としたコマの角運動量は $\vec{L} = I\vec{\omega}$〔kgm^2/s〕で表される．

ここでコマに働く力は，重力 $M\vec{g}$〔N〕および垂直抗力 $\vec{R}$〔N〕である．ここでいずれの力もコマの回転軸で考えられる力のモーメントは 0 となるので，コマの足に作用する摩擦力 $\vec{f}$〔N〕による微弱な力のモーメントを考えなければ，$\vec{L}$ は保存し，コマは一定の $\vec{\omega}$，すなわち回転軸は z 軸に一致したまま永久に回転し続ける．

次に，図 9.4 のように，回転軸が z 軸に対して角度 θ〔rad〕だけ傾いている場合を考える．このとき重力が作る力のモーメントは，$\vec{N} = \vec{r}_G \times (-M\vec{g})$〔Nm〕となり，その

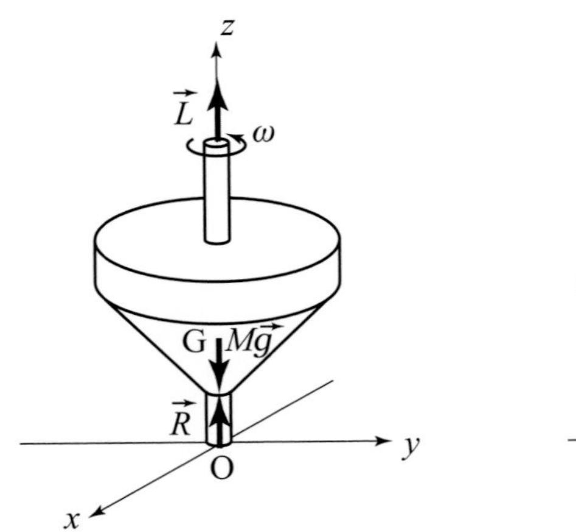

図 9.3: コマの回転運動

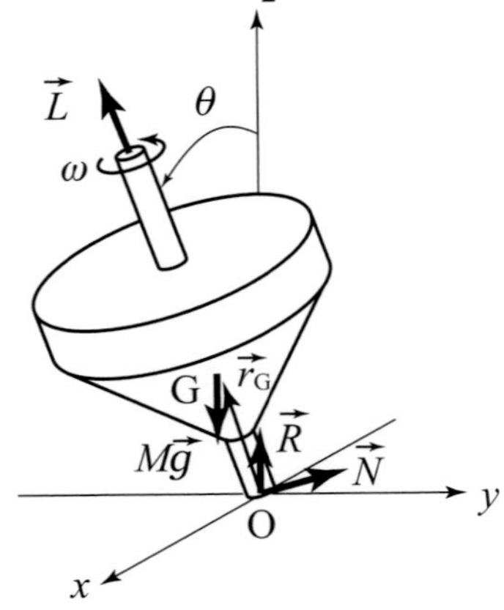

図 9.4: コマの歳差運動

大きさは $Mgr_G \sin\theta$，その方向は重力に垂直なので，xy 平面に平行な向きにある．ここでコマの $\vec{L}$ の時間変化は，

$$\frac{\mathrm{d}\vec{L}}{\mathrm{d}t} = -M\vec{r}_G \times \vec{g} \tag{9.1}$$

となる．

ここで，θ が一定であれば，$\vec{N}$ の大きさも一定である．つまり，コマには大きさが一定で常に $\vec{L}$ に直交した $\vec{N}$ が作用している．したがって，$\vec{N}$ によって $\vec{L}$ の xy 平面成分 $L\sin\theta$ は一定の角速度 ω_p〔rad/s〕で回転する．$\vec{L}$ の z 成分は，$\vec{N}$ のの z 成分が 0 なので変化しない．したがって，$\vec{L}$ は θ を一定に保ったまま，z 軸のまわりを等加速度で首振り運動を行う．これが歳差運動である．

図 9.5 は角運動量のの xy 平面成分の運動を考えたものである．上に示したようにその大きさ $L\sin\theta$ は一定であるので，原点を中心とした円運動をする．(9.1) 式により，微小時間 Δt〔s〕の間の角運動量の xy 平面成分の変化は，$|\vec{N}|\Delta t = Mgr_G \sin\theta\Delta t$ となり，その間のコマの傾く方向 ϕ の変化を $\Delta\phi$ とすれば，

$$L\sin\theta\cdot\Delta\phi = Mgr_G\sin\theta\cdot\Delta t$$

となるので，歳差運動の ω_p は，

$$\omega_p = \frac{\Delta\phi}{\Delta t} = \frac{Mgr_G}{L} = \frac{Mgr_G}{I\omega} \qquad \text{〔rad/s〕}$$

となる．したがって，ω_p は ω に反比例する，すなわち，コマが速く回転するときは歳差はゆっくりで，コマの回転が遅くなると歳差運動は速くなる．

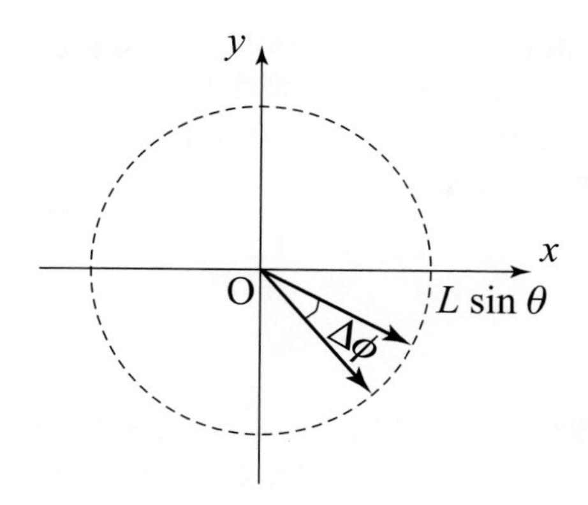

図 9.5: コマの歳差運動

9.2 剛体の平面運動

剛体の並進運動と回転運動が両方とも存在する場合を考えていきたいが，まずは図 9.6 に示すように，剛体はある方向（図では z 軸方向）には全く動かないものとする．これを**剛体の平面運動**と呼ぶ．

したがって，この剛体の運動方程式としてはまず，重心 $\vec{r}_G$〔m〕の並進運動に対して，

$$
\begin{aligned}
M\ddot{x}_G &= F_x \\
M\ddot{y}_G &= F_y
\end{aligned}
$$

および重心のまわりの回転運動に対して，

$$
I_G\dot{\omega} = N
$$

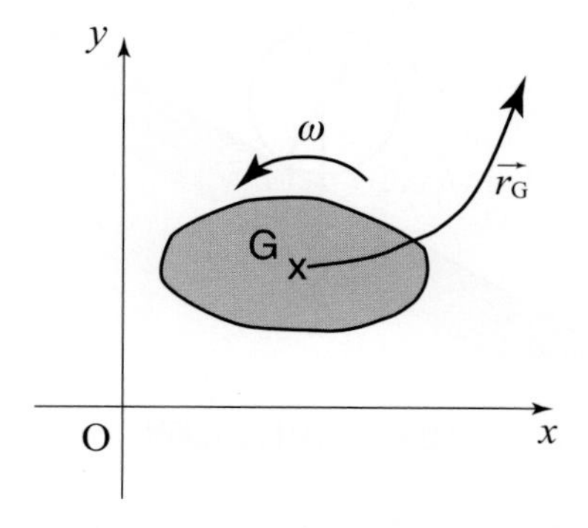

図 9.6: 剛体の平面運動

の3つを考えることができる．ここで，M〔kg〕は全質量，$\vec{F}$〔N〕は剛体に働く外力，I_G〔kgm^2〕は重心を通る回転軸のまわりの慣性モーメント，ω〔rad/s〕は角速度，N〔Nm〕は回転軸のまわりに働く力のモーメントを示す．

さらにこの剛体の運動エネルギーは，

$$T = \frac{1}{2}Mv_G^2 + \frac{1}{2}I_G\omega^2 \quad \text{〔J〕}$$

となる．

斜面を落下する円柱の運動：滑らないとき

まず，斜面を転がり落ちる円柱について考えてみよう．図9.7のように，角度α〔rad〕の斜面の下方にx軸，斜面に垂直な方向にy軸をとる．z軸は紙面向こう側に向かう水平な方向となるが，その方向には円柱は動かないので，剛体の平面運動となる．全質量をM〔kg〕，重力加速度の大きさをg〔m/s^2〕，摩擦力を$\vec{F}$〔N〕，垂直抗力を$\vec{R}$〔N〕，円柱の半径をa〔m〕，および円柱の回転の角速度をω〔rad/s〕とすれば，円柱の中心にある重心のx，y方向の並進運動の運動方程式，および円柱の回転の運動方程式はそれぞれ，

$$M\ddot{x} = Mg\sin\alpha - F \tag{9.2}$$

$$0 = -Mg\cos\alpha + R \tag{9.3}$$

$$I\dot{\omega} = aF \tag{9.4}$$

ここで，I〔kgm^2〕は円柱の中心軸を回転軸とする円柱の慣性モーメントであるが，これを計算すれば円板と同じく，$\frac{1}{2}Ma^2$となる．

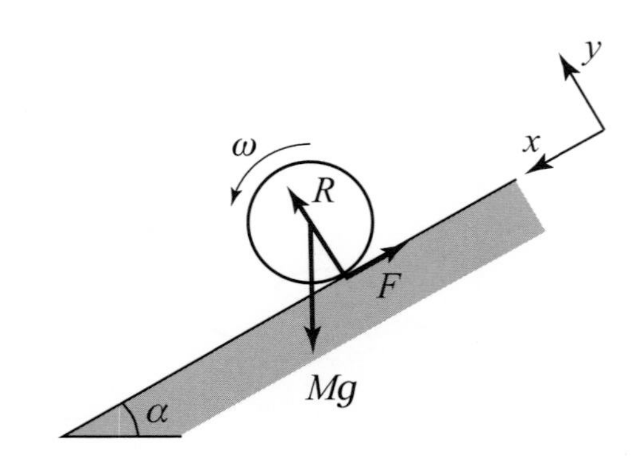

図 9.7: 円柱の運動

静止摩擦係数をμ_0とすれば，円柱が滑らない条件は，

$$F < \mu_0 R = \mu_0 Mg\cos\alpha \tag{9.5}$$

である．さて，円柱は斜面を滑らないので，$x = a\theta$〔m〕であり，それより，$\dot{x} = a\omega$〔m/s〕，$\ddot{x} = a\dot{\omega}$〔m/s^2〕となるので，(9.4) 式より，

$$F = \frac{1}{a}I\dot{\omega} = \frac{1}{a}\frac{1}{2}Ma^2\dot{\omega} = \frac{1}{2}M\ddot{x}$$

となる．したがって (9.2) 式に代入すれば，

$$M\ddot{x} = Mg\sin\alpha - \frac{1}{2}M\ddot{x}$$

なので，

$$M\ddot{x} = \frac{2}{3}Mg\sin\alpha$$

となる．これは質点が斜面を滑るときの斜面方向の力 $Mg\sin\alpha$ の $\frac{2}{3}$ 倍である．初期値を，$x = 0$，$\dot{x} = 0$ とすれば，

$$x = \frac{1}{3}gt^2\sin\alpha \quad \text{〔m〕}$$

という運動をすることになる．

さてここで，位置エネルギーの変化は，$U = -Mgx\sin\alpha$ と表すことができるので，力学的エネルギーの変化は，

$$\begin{aligned}\Delta E &= \frac{1}{2}M\dot{x}^2 + \frac{1}{2}I\omega^2 - Mgx\sin\alpha \\ &= \frac{1}{2}M\left(\frac{2}{3}gt\sin\alpha\right)^2 + \frac{1}{2}\cdot\frac{1}{2}Ma^2\left(\frac{2}{3a}gt\sin\alpha\right)^2 - Mg\frac{1}{3}gt^2\sin\alpha\cdot\sin\alpha \\ &= \left(\frac{2}{9} + \frac{1}{9} - \frac{1}{3}\right)Mg^2t^2\sin^2\alpha = 0 \quad \text{J}\end{aligned}$$

となり，力学的エネルギーは保存する．また失われる位置エネルギーのうち，$\frac{2}{3}$ は重心の並進運動の運動エネルギーに，$\frac{1}{3}$ は円柱の回転運動の運動エネルギーに使われる．

例題 9-1　同じ質量，直径の球が滑らかな斜面を，回転せずに滑り落ちたときと，滑らずに転がり落ちたときの速さの比をもとめよ．

解　図 9.8 のように，球の質量を M〔kg〕，直径を a〔m〕とする．

まず，この斜面を滑り落ちたときの速さを v_1〔m/s〕とすると，摩擦力が働かないため力学的エネルギー保存の法則が成り立ち，

$$Mgh = \frac{1}{2}Mv_1^2, \quad \therefore \quad v_1 = \sqrt{2gh}$$

となる．一方，転がり落ちたときの速さをを v_2〔m/s〕とすると，摩擦力は働かないので力学的エネルギー保存の法則が成り立ち，

$$Mgh = \frac{1}{2}Mv_2^2 + \frac{1}{2}I\omega^2$$

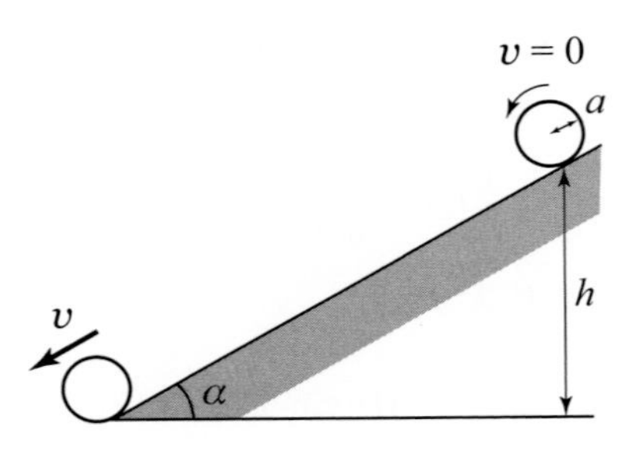

図 9.8: 斜面を落ちる球

となる．ここで，$I = \frac{2}{5}Ma^2$〔kgm^2〕および $\omega = \frac{v_2}{a}$〔rad/s〕なので，

$$Mgh = \frac{1}{2}Mv_2^2 + \frac{1}{2}\cdot\frac{2}{5}Ma^2\left(\frac{v_2}{a}\right)^2 = \frac{7}{10}Mv_2^2$$

となるので，

$$v_2 = \sqrt{\frac{10}{7}gh}$$

である．したがって，

$$\frac{v_2}{v_1} = \frac{\sqrt{\frac{10}{7}gh}}{\sqrt{2gh}} = \sqrt{\frac{5}{7}} = 0.85$$

斜面を落下する円柱の運動：滑るとき

次に，円柱が斜面を滑る場合について考えよう．まず，滑る条件は，前節と同じように図 9.7 を考えれば，$F > \mu_0 R$〔N〕となる．

$$\begin{aligned} F &= \frac{1}{2}M\ddot{x} = \frac{1}{3}Mg\sin\alpha \\ R &= Mg\cos\alpha \end{aligned}$$

を用いて滑る条件を書き換えれば，

$$\tan\alpha > 3\mu_0$$

となる．

さて，動摩擦係数を μ とすれば，

$$F = \mu R = \mu Mg\cos\alpha$$

である．したがって，運動方程式は，

$$\begin{aligned} M\ddot{x} &= Mg\sin\alpha - \mu Mg\cos\alpha \\ I\dot{\omega} &= a\mu Mg\cos\alpha \end{aligned}$$

となる．$I=\frac{1}{2}Ma^2$〔kgm^2〕であるので，

$$\begin{aligned}\ddot{x} &= g(\sin\alpha-\mu\cos\alpha)\\ \dot{\omega} &= \frac{2\mu g}{a}\cos\alpha\end{aligned}$$

と書き直すことができる．初期条件として $x=\dot{x}=\omega=0$ とすれば，

$$\begin{aligned}\dot{x} &= gt(\sin\alpha-\mu\cos\alpha)\\ x &= \frac{1}{2}gt^2(\sin\alpha-\mu\cos\alpha)\\ \omega &= \frac{2\mu g}{a}t\cos\alpha\end{aligned}$$

となる．ここで，円柱が滑る速度（相対速度）を u とすれば，

$$u=\dot{x}-a\omega=gt(\sin\alpha-3\mu\cos\alpha)$$

となる．

さて，力学的エネルギーの変化は，

$$\begin{aligned}\Delta E &= \frac{1}{2}M\dot{x}^2+\frac{1}{2}I\omega^2-Mgx\sin\alpha\\ &= \frac{1}{2}Mg^2t^2(\sin\alpha-\mu\cos\alpha)^2+\frac{1}{2}\frac{1}{2}Ma^2\frac{4\mu^2g^2}{a^2}t^2\cos^2\alpha-Mg\frac{1}{2}gt^2(\sin\alpha-\mu\cos\alpha)\sin\alpha\\ &= \frac{1}{2}Mg^2t^2(\sin^2\alpha-2\mu\sin\alpha\cos\alpha+\mu^2\cos^2\alpha+2\mu^2\cos^2\alpha-\sin^2\alpha+\mu\sin\alpha\cos\alpha)\\ &= -\frac{1}{2}\mu Mg^2t^2\cos\alpha(\sin\alpha-3\mu\cos\alpha) \quad \text{〔J〕}\end{aligned}$$

となり，力学的エネルギーは保存されない．

これは，摩擦力という非保存力が円柱の運動に働くため，自明である．ここで摩擦力 F による仕事 W を計算すれば，

$$\begin{aligned}W &= -\int_0^t Fu\mathrm{d}t\\ &= -\int_0^t \mu Mg\cos\alpha\cdot gt(\sin\alpha-3\mu\cos\alpha)\mathrm{d}t\\ &= -\frac{1}{2}\mu Mg^2t^2\cos\alpha(\sin\alpha-3\mu\cos\alpha) \quad \text{〔J〕}\end{aligned}$$

となり，力学的エネルギーの散逸，すなわち減少量と一致する．

つるした棒の運動

図 9.9 に示すように，長さ l〔m〕の軽い糸の先に質量 M〔kg〕，長さ $2a$〔m〕の細い棒の一端をつないだものを鉛直面内で微小振動させたときの運動を表したい．

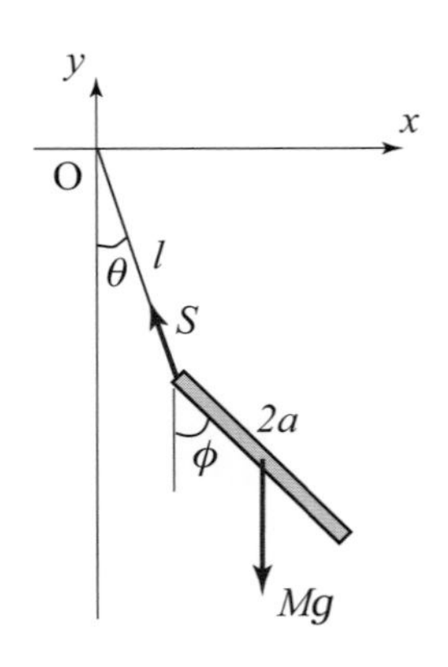

図 9.9: つるした棒の運動

まず，糸の固定端を原点 O とし，振動する方向に x 軸，鉛直上方に y 軸をとる．糸および棒が鉛直線との間につくる角度をそれぞれ θ〔rad〕および ϕ〔rad〕とし，糸の張力を $\vec{S}$，重力加速度の大きさを g〔m/s^2〕とすると，棒の中心（重心）の運動方程式は，

$$M\ddot{x} = -S\sin\theta \tag{9.6}$$

$$M\ddot{y} = -Mg + S\cos\theta \tag{9.7}$$

$$I\ddot{\phi} = -Sa\sin(\phi - \theta) \tag{9.8}$$

となる．ここで棒の慣性モーメントは $I = \dfrac{1}{3}Ma^2$〔kgm^2〕である．重心の位置は，

$$x = l\sin\theta + a\sin\phi$$

$$y = -l\cos\theta - a\cos\phi$$

であるので，微小振動を仮定すれば，

$$x = l\theta + a\phi$$

$$y = -(l + a)$$

となる．(9.7) 式より，$S = Mg$ と近似できるので，(9.6) 式および (9.8) 式はそれぞれ，

$$l\ddot{\theta} + a\ddot{\phi} = -g\theta \tag{9.9}$$

$$a\ddot{\phi} = -3g(\phi - \theta) \tag{9.10}$$

と表すことができる．

ここで，$\theta = Ae^{i\omega t}$，$\phi = Be^{i\omega t}$ と仮定すると，

$$(l\omega^2 - g)A + a\omega^2 B = 0$$

$$3gA + (\omega^2 - 3g)B = 0$$

が得られる．$A = B = 0$ 以外の解が存在するためには，行列式，

$$\begin{vmatrix} l\omega^2 - g & a\omega^2 \\ 3g & a\omega^2 - 3g \end{vmatrix} = 0$$

となる必要があるので，

$$al\omega^4 - (3l + 4a)g\omega^2 + 3g^2 = 0$$

となる．したがって，

$$\omega^2 = \frac{(3l + 4a) \pm \sqrt{(3l + 4a)^2 - 12al}}{2al} g$$

である．ここで式中の $\pm$ ではいずれも ω^2 は正の値となるので，それぞれの振動解が存在して，規準角振動数をそれぞれ $\omega_{\pm}$ と書けば，一般解として，

$$\begin{aligned} \theta &= A_+ \cos(\omega_+ + \alpha) + A_- \cos(\omega_- + \beta) \quad \text{〔rad〕} \\ \phi &= B_+ \cos(\omega_+ + \alpha) + B_- \cos(\omega_- + \beta) \quad \text{〔rad〕} \end{aligned}$$

と書くことができる．

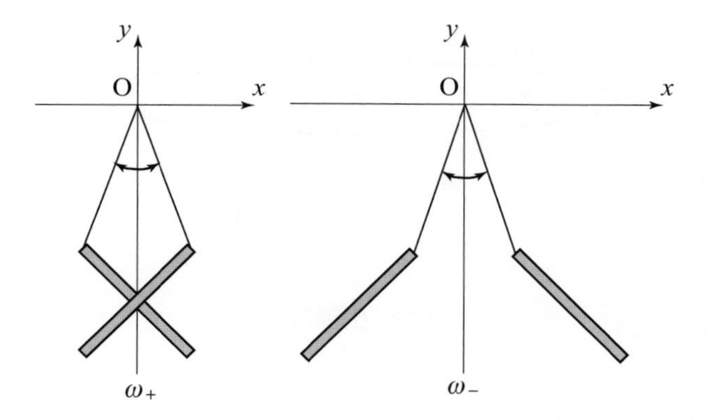

図 9.10: つるした棒の基準振動

ここで基準振動を図示すれば，図 9.10 となり，(a) は $\omega = \omega_+$〔rad/s〕の速い振動，(b) は $\omega = \omega_-$〔rad/s〕の遅い振動である．振幅の比は，

$$\frac{B}{A} = -\frac{l\omega^2 - g}{a\omega^2}$$

で与えられ，$\omega = \omega_+$ のとき $\dfrac{B_+}{A_+} < 0$，$\omega = \omega_-$ のとき $\dfrac{B_-}{A_-} > 0$ となり，図のような振動を与える．実際に起きる振動はこれらの重ね合わせである．

撃力による剛体の運動

剛体に力 $\vec{F}$〔N〕が短い時間 Δt〔s〕だけ作用したとする．これを**撃力**という．このとき，重心の速度の変化を $\Delta\vec{v}_G$〔m/s〕，重心のまわりの角速度の変化 $\Delta\vec{\omega}$〔rad/s〕が生じたとする．運動量の変化 $\Delta\vec{P}$〔kgm/s〕および角運動量の変化 $\Delta\vec{L}$〔kgm^2/s〕はそれぞれ，並進および回転の運動方程式，

$$
\begin{aligned}
M\frac{\mathrm{d}\vec{v}_G}{\mathrm{d}t} &= \vec{F} \\
\frac{\mathrm{d}\vec{L}}{\mathrm{d}t} &= \vec{N}
\end{aligned}
$$

より，

$$
\begin{aligned}
\Delta\vec{P} &= M\Delta\vec{v}_G = \langle\vec{F}\rangle \qquad (9.11) \\
\Delta\vec{L} &= I_G\Delta\vec{\omega} = \langle\vec{N}\rangle \qquad (9.12)
\end{aligned}
$$

と書くことができる．ここで，$\langle\vec{F}\rangle$ および $\langle\vec{N}\rangle$ は，Δt 間のそれぞれの平均値を示している．

ここで，図9.11で示すように，静止している剛体に撃力 $\vec{F}$ を重心Gから x だけ離れた点Pの延長線上に垂直に与える．Gから反対側に h だけ離れた点をOとする．

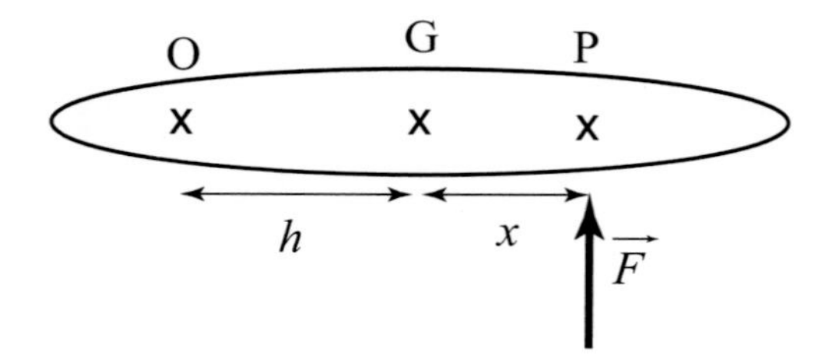

図 9.11: 衝撃の中心

ここで，式(9.11)および(9.12)は，

$$
\begin{aligned}
\Delta P &= Mv_G = \langle F\rangle \\
\Delta L &= I_G\omega = \langle N\rangle
\end{aligned}
$$

となる．このときOの速度のOGに垂直な成分は，

$$
v_0 = v_G - h\omega = \langle F\rangle\left(\frac{1}{M} - \frac{hx}{I_G}\right)
$$

となる．したがって，

$$
x = \frac{I_G}{Mh} \quad 〔\mathrm{m}〕 \qquad (9.13)
$$

のとき，点 O は撃力では動かず，それよりも内側では上方に，外側では下方に点 O は運動する．この点を**衝撃の中心**という．

例題 9-2　図 9.12 のように，水平面上に質量 M〔kg〕，長さ l〔m〕の細い棒を垂直に立て，棒の中心から高さ x〔m〕の点に横から撃力を加えた．その後に棒はどのように動くか．

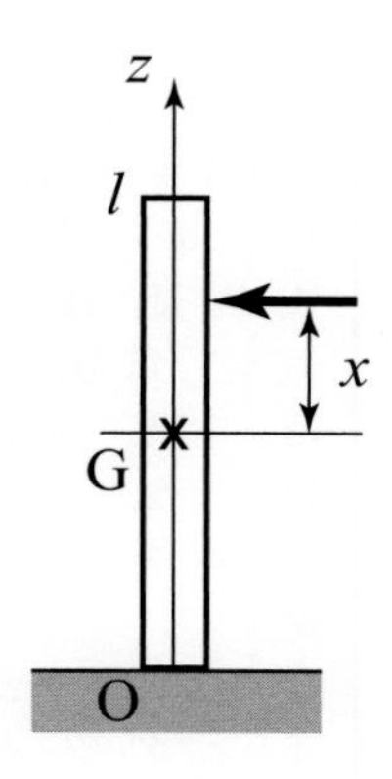

図 9.12: 撃力と棒の運動

解　衝撃の中心を z〔m〕とすれば，(9.13) 式より，

$$x = \frac{I_G}{M(\frac{l}{2} - z)}$$

となる．ここで，$I_G = \frac{1}{12}Ml^2$〔kgm^2〕なので，

$$z = \frac{l}{2} - \frac{I_G}{Mx} = \frac{l}{2}\left(1 - \frac{l}{6x}\right) \qquad \text{〔m〕}$$

となる．

ここで $z = 0$ すなわち $x = \frac{l}{6}$ ならば棒の接触面は動かず，棒はゆっくりと前に倒れる．また，$z > 0$ すなわち $x > \frac{l}{6}$ ならば棒の接触面は後方に滑り，$z < 0$ すなわち $x < \frac{l}{6}$ ならば棒の接触面は前方に滑る．

国際単位系（SI）

SI 基本単位

物理量	名称	記号
長さ	メートル	m
質量	キログラム	kg
時間	秒	s
電流	アンペア	A
熱力学温度	ケルビン	K
物質量	モル	mol
光度	カンデラ	cd

SI 組立単位の例

物理量	記号
速度，速さ	m/s
加速度	m/s^2
角速度	rad/s
角加速度	rad/s^2
密度	kg/m^3
力のモーメント	N·m
粘性係数	Pa·s
表面張力	N/m
波数	m^{-1}
比熱	J/(kg·K)
モル比熱	J/(mol·K)
熱伝導率	W/(m·K)
熱容量，エントロピー	J/K
モル濃度	mol/m^3
電場（界）の強さ	V/m
誘電率	F/m
磁場（界）の強さ	A/m
透磁率	H/m
電束密度，電気変位	C/m^2
輝度	cd/m^2
照射線量	C/kg
吸収線量率	Gy/s

固有の名称と記号をもつ SI 組立単位

物理量	名称	記号	他の SI 単位による表現
平面角	ラジアン	rad	
立体角	ステラジアン	sr	
振動数（周波数）	ヘルツ	Hz	s^{-1}
力	ニュートン	N	$kg{\cdot}m/s^2$
圧力，応力	パスカル	Pa	N/m^2
エネルギー，仕事，熱量	ジュール	J	N·m
仕事率，電力	ワット	W	J/s
電気量，電荷，電束	クーロン	C	s·A
電位，電圧，起電力	ボルト	V	W/A
静電容量	ファラド	F	C/V
電気抵抗	オーム	Ω	V/A
コンダクタンス	ジーメンス	S	A/V
磁束	ウェーバ	Wb	V·s
磁束密度	テスラ	T	Wb/m^2
インダクタンス	ヘンリー	H	Wb/A
セルシウス温度	セルシウス度	°C	K
光束	ルーメン	lm	cd·sr
照度	ルクス	lx	lm/m^2
放射能	ベクレル	Bq	s^{-1}
吸収線量	グレイ	Gy	J/kg
線量当量，等価線量	シーベルト	Sv	J/kg
酵素活性	カタール	kat	mol/s

SI 接頭語

倍数	接頭語	記号
10^{18}	エクサ	E
10^{15}	ペタ	P
10^{12}	テラ	T
10^{9}	ギガ	G
10^{6}	メガ	M
10^{3}	キロ	k
10^{2}	ヘクト	h
10^{1}	デカ	da
10^{-1}	デシ	d
10^{-2}	センチ	c
10^{-3}	ミリ	m
10^{-6}	マイクロ	μ
10^{-9}	ナノ	n
10^{-12}	ピコ	p
10^{-15}	フェムト	f
10^{-18}	アト	a

物理定数表

CODATA（2018 年）より，［（ ）内数字は標準不確かさ（標準偏差で表した不確かさ）を示す］

名称　*は定義値	記号	値	単位
標準重力加速度*	g_{n}	9.806 65	$\mathrm{m/s^2}$
万有引力定数	G	$6.674\ 30(15)\times10^{-11}$	$\mathrm{N\ m^2/kg^2}$
真空中の光の速さ*	c	299 792 458	m/s
磁気定数 $2\alpha h/(ce^2)$　$(\cong 4\ \pi\times10^{-7})$	μ_0	$12.566\ 370\ 6212(19)\times10^{-7}$	H/m
電気定数 $1/(\mu_0 c^2)$	ε_0	$8.854\ 187\ 8128(13)\times10^{-12}$	F/m
電気素量*	e	$1.602\ 176\ 634\times10^{-19}$	C
プランク定数*	h	$6.626\ 070\ 15\times10^{-34}$	J s
プランク定数* $h/(2\ \pi)$	$\hbar$	$1.054\ 571\ 817\cdots\times10^{-34}$	$\mathrm{kg\ m^2/s}$
電子の質量	m_{e}	$9.109\ 383\ 7015(28)\times10^{-31}$	kg
陽子の質量	m_{p}	$1.672\ 621\ 923\ 69(51)\times10^{-27}$	kg
中性子の質量	m_{n}	$1.674\ 927\ 498\ 04(95)\times10^{-27}$	kg
微細構造定数 $e^2/(4\pi\varepsilon_0 c\hbar)=\mu_0 ce^2/(2h)$	α	$7.297\ 352\ 5693(11)\times10^{-3}$	
リュードベリ定数 $c\alpha^2 m_{\mathrm{e}}/(2h)$	R_∞	10 973 731.568 160(21)	$\mathrm{m^{-1}}$
ボーア半径 $\varepsilon_0 h^2/(\pi m_{\mathrm{e}} e^2)$	a_0	$5.291\ 772\ 109\ 03(80)\times10^{-11}$	m
ボーア磁子 $eh/(4\pi m_{\mathrm{e}})$	μ_{B}	$927.401\ 007\ 83(28)\times10^{-26}$	J/T
電子の磁気モーメント	μ_{e}	$-928.476\ 470\ 43(28)\times10^{-26}$	J/T
電子の比電荷	$-e/m_{\mathrm{e}}$	$-1.758\ 820\ 010\ 76(53)\times10^{11}$	C/kg
原子質量単位	m_u	$1.660\ 539\ 066\ 60(50)\times10^{-27}$	kg
アボガドロ定数*	N_{A}	$6.022\ 140\ 76\times10^{23}$	$\mathrm{mol^{-1}}$
ボルツマン定数*	k	$1.380\ 649\times10^{-23}$	J/K
気体定数* $N_{\mathrm{A}}k$	R	$8.314\ 462\ 618\cdots$	J/(mol K)
ファラデー定数* $N_{\mathrm{A}}e$	F	$96\ 485.332\ 12\cdots$	C/mol
シュテファン・ボルツマン定数* $2\pi^5k^4/(15h^3c^2)$	σ	$5.670\ 374\ 419\cdots\times10^{-8}$	$\mathrm{W/(m^2\ K^4)}$
ジョセフソン定数* $2e/h$	K_{J}	$483\ 597.8484\cdots\times10^{9}$	Hz/V
フォン・クリッツィング定数* h/e^2	R_{K}	$25\ 812.807\ 45\cdots$	Ω
0°C の絶対温度*	T_0	273.15	K
標準大気圧*	P_0	101 325	Pa
理想気体の 1 モルの体積* RT_0/P_0	V_{m}	$22.413\ 969\ 54\cdots\times10^{-3}$	$\mathrm{m^3/mol}$

https://physics.nist.gov/cuu/Constants/

ギリシャ文字

A	α	アルファ	N	ν	ニュー
B	β	ベータ	Ξ	ξ	グザイ（クシー）
Γ	γ	ガンマ	O	o	オミクロン
Δ	δ	デルタ	Π	π	パイ
E	ε	イプシロン	P	ρ	ロー
Z	ζ	ゼータ	$\sum$	$\sigma\ \varsigma$	シグマ
H	η	イータ	T	τ	タウ
Θ	θ	シータ	Υ	υ	ウプシロン
I	ι	イオタ	Φ	$\phi\ \varphi$	ファイ
K	κ	カッパ	X	χ	カイ
Λ	λ	ラムダ	Ψ	ψ	プサイ
M	μ	ミュー	Ω	ω	オメガ

索引

マ 行

ヤ 行

ラ 行

ワ 行

著者

ほそかわ しんや
細川 伸也

1955 年香川県に生まれる．1979 年京都大学理学部卒業．1984 年京都大学大学院理学研究科単位取得中途退学．1985 年広島大学総合科学部助手，1986 年理学博士（京都大学），1992 年広島大学理学部助教授，1995 年ドイツ・マールブルク大学研究員，2004 年広島工業大学工学部助（准）教授，2010 年同教授，2012 年熊本大学大学院自然科学研究科（先端科学研究部）教授を経て，現在，熊本大学産業ナノマテリアル研究所特任教授．専攻は放射光を用いた物質の構造とダイナミクスの研究
主な教科書著作：中西助次ほか,「工学系のための物理学実験」東京教学社，井上光ほか,「工学系のための基礎力学」東京教学社，井上光ほか,「力学 WORKBOOK」東京教学社，大林ほか,「物理学実験法及び同実験」共立出版

BASIC PHYSICS 力学

ISBN 978-4-8082-2087-7

2022 年 3 月 1 日 初版発行

著者代表 © 細 川 伸 也
発 行 者 鳥 飼 正 樹
印 刷 製 本 三 美 印 刷 株式会社

発行所 株式会社 東京教学社
郵便番号 112-0002
住 所 東京都文京区小石川 3-10-5
電 話 03（3868）2405
F A X 03（3868）0673
http://www.tokyokyogakusha.com